新疆维吾尔自治区首批引进百名高层次人才基金资助
科技支疆项目（2013911039）资助

低煤化储层三相态含气量模拟研究

Gas Content Simulation of Three-phase State in Low Rank Coal Reservoir

傅雪海　简　阔　丁永明　王可新　著

科学出版社

北　京

内 容 简 介

本书是作者近年来研究低煤化煤层气储层的系统总结。基于低煤化储层不同温、压条件下的等温吸附实验，揭示了低煤化储层吸附甲烷的压力正效应与温度负效应关系；物理模拟了低煤化储层水中甲烷溶解度，揭示了甲烷在煤储层水中的溶解度与温度、压力、矿化度、游离 CO_2 含量的关系；基于煤的视密度、真密度、压汞及覆压下三轴力学试验，物理模拟了围压下低煤化储层的孔隙度，揭示了游离气含量与应力下的孔隙度和气压的关系。以内蒙古海拉尔盆地、新疆阜康矿区为例，数值模拟了埋深 2000m 以浅煤储层的吸附气、游离气、水溶气含量。

本书可供从事煤层气地质、煤炭地质及石油与天然气地质的教学、科研和生产人员以及高等院校本科生和研究生参考。

图书在版编目(CIP)数据

低煤化储层三相态含气量模拟研究/傅雪海等著. —北京：科学出版社，2015.11

ISBN 978-7-03-046269-5

Ⅰ. ①低… Ⅱ. ①傅… Ⅲ. ①煤田地质－研究 Ⅳ.①P618.110.2

中国版本图书馆 CIP 数据核字(2015)第 268481 号

责任编辑：罗 吉 郑 昕 崔路凯/责任校对：郑金红
责任印制：赵 博/责任设计：许 瑞

科 学 出 版 社 出版

北京东黄城根北街16号
邮政编码：100717
http://www.sciencep.com

北京通州皇家印刷厂 印刷

科学出版社发行 各地新华书店经销

*

2015 年 11 月第 一 版 开本：720 ×1000 1/16
2015 年 11 月第一次印刷 印张：10 1/2 插页：1
字数：210 000

定价：89.00 元

(如有印装质量问题，我社负责调换)

新疆维吾尔自治区首批引进百名高层次人才

科技支疆项目——阜康低煤级储层含气量预测技术开发（2013911039）

国家自然科学基金地区项目——新疆低煤级储层煤层气成藏模式研究（41362009）

新疆大学"天山学者"特聘教授启动基金

国家自然科学基金面上项目——低煤级三相态含气量的物理模拟与数值模拟（40872104）

国家自然科学基金面上项目——低煤级储层三级渗流特征及耦合机理（40372074）

新疆维吾尔自治区青年科技创新人才培养工程(杰出青年)——新疆阜康煤区低煤阶煤层气富集规律与数值模拟研究（2014711002）

新疆维吾尔自治区青年科学基金项目——基于煤层气排采的水文地质条件评价体系的研究（2013211B09）

新疆维吾尔自治区青年科学基金项目——新疆阜西区块煤储层水动力场对煤层气排采影响的研究（2015211C281）

新疆维吾尔自治区重大专项——新疆阜康低阶煤煤层气开发关键技术研发与应用示范

前　　言

本书中低煤化储层包括褐煤、长焰煤、气煤。截至 2013 年底，我国探明煤炭资源储量 20 245 亿吨，其中褐煤为 3284 亿吨，占 16.22%，低煤化烟煤 10 541 亿吨，占 52.07%。因此，成功开发低煤化储层煤层气资源是我国煤层气产业持续发展的重要途径。

美国煤层气产量 500 亿 m^3 左右，粉河、尤因塔、拉顿等低煤级储层（本书指褐煤、长焰煤，最大镜质组反射率 $R_{o,max}$ 一般在 0.65%以下）占 50%以上，加拿大煤层气产量 100 亿 m^3 左右，低煤级盆地阿拉伯达占 60%以上，澳大利亚煤层气产量 110 亿 m^3 左右，低煤级盆地苏拉特占 70%以上。

我国新一轮油气资源评价（2005）得出我国低煤级储层煤层气资源量为 14.7 万亿 m^3，占全国煤层气资源总量的 40%。尽管我国在鄂尔多斯盆地北部保德及中部焦坪矿区、黑龙江伊兰盆地、内蒙古霍林河、辽宁抚顺等多个低煤级储层盆地取得了煤层气产能的突破，显示出广阔的前景，但仍未能成功地进行商业性开发。加快我国低煤级储层煤层气的开发是提高我国煤层气产量的重要途径。

本书基于低煤化煤层气储层在现有技术条件下含气量测试不准的事实，围绕低煤化储层水溶气、吸附气、游离气三相态含气量预测这一关键科学问题，首次构建了储层条件下低煤化储层游离气、吸附气、水溶气含量预测的理论与方法。

本书是在新疆维吾尔自治区首批引进百名高层次人才、新疆大学"天山学者"特聘教授启动基金和科技支疆项目——阜康低煤级储层含气量预测技术开发（2013911039）、国家自然科学基金地区项目——新疆低煤级储层煤层气成藏模式研究（41362009）、国家自然科学基金面上项目——低煤级三相态含气量的物理模拟与数值模拟（40872104）、国家自然科学基金面上项目——低煤级储层三级渗流特征及耦合机理（40372074）等项目研究成果的基础上撰写的，是以低煤化煤层气储层含气量为研究对象的综合性著作。全书基于低煤化储层不同温、压条件下的等温吸附实验，揭示了低煤化储层在煤岩组成、含水性、孔隙性、吸附性等有别于中、高煤级储层的特有表现形式；物理模拟了低煤化储层水中甲烷溶解度，揭示了甲烷在煤储层水中的溶解度与温度、压力、矿化度及游离 CO_2 含量的关系；基于煤的视密度、真密度、压汞及覆压下三轴力学试验，物理模拟了围压下低煤化储层的孔隙度，揭示了游离气含量与应力下的孔隙度和气压的关系。以内蒙古海拉尔盆地、新疆阜康矿区为例，数值模拟了埋深 2000m 以浅煤储层的吸附气、游离气、水溶气饱和含气量。

　　感谢参与部分工作的中国矿业大学申建副教授、周荣福副教授、金发礼高级工程师、陈刚博士、孙红明硕士、高鉴东硕士、宋革硕士、乔雨硕士，新疆大学的田继军教授、李升副教授、管伟明副教授、葛燕燕讲师，新疆工程学院的陆卫东副教授、陈志峰讲师、李守平副教授、王辉讲师、赵斐讲师、崔凯讲师、刘英振助教、张峰玮助教。

　　甲烷溶解度得到了中国石油大学（北京）油气藏流体高压相态及物性研究室的杰青获得者陈光进教授及王秀成博士的帮助，煤的吸附性实验得到了中国石油勘探开发研究院廊坊分院的李贵中高级工程师、王勃博士的帮助，煤岩三轴力学实验得到了中国矿业大学深部岩土力学与地下工程国家重点实验室刘卫群教授、李玉寿高级工程师的帮助，覆压下的孔隙度物理模拟得到了中国石油勘探开发研究院吕伟峰教授和孙华超硕士的帮助，煤岩、煤质、水质基本物性测试得到了新疆煤田地质局综合实验室张焱高级工程师、赵习民工程师和江苏地质矿产设计研究院张谷春高级工程师、秦云虎教授级高级工程师、徐晓琴高级工程师的帮助，矿井地质调研与采样工作得到了新疆煤田地质局煤层气研究开发中心杨曙光教授级高级工程师、王德利工程师、张娜工程师、新疆科林思德新能源有限责任公司的郜琳董事长、杨雪松副总经理、何茂部长、内蒙古自治区伊敏露天矿的领导和李希耀主任、五牧场通达集团的领导和于成利主任及井下许多煤矿员工的大力支持与帮助，在此一并表示衷心感谢。

　　感谢煤层气资源与成藏过程教育部重点实验室的秦勇教授、姜波教授、韦重韬教授、吴财芳教授、朱炎铭教授、郭英海教授、王文峰教授、权彪副教授、郝树青副教授给予的建议、指导和帮助。

　　鉴于本书篇幅限制且针对低煤化储层研究文献众多，书中引用的大量公开发表的和少量未公开发表的文献和数据，有些未能一一标出出处，在此向所有作者表示感谢。另外，书中难免存在不少错误和不妥之处，敬请广大读者批评指正。

作　者

2015 年 6 月

目　　录

彩图

1 绪 论

1.1 研究意义

低煤化储层是煤化作用早期阶段形成的产物，通常指碳含量低、挥发分高、发热量较低的褐煤、长焰煤和气煤，煤层气赋存与中、高煤级储层不同，游离态、吸附态、水溶态甲烷各占有较大比例。

低煤化储层煤层气以有机成因为主，主要包括热成因和生物成因。特别是次生生物成因煤层气是低煤化储层煤层气的重要补充，在美国的粉河和圣胡安盆地（Scott et al., 1994）、澳大利亚苏拉特盆地（Smith et al., 1996）、波兰的 Upper Silesian 和 Lublin 盆地（Kotarba, 2001）、加拿大的 Elk Valley 煤田（Aravena et al., 2003）、中国山西的李雅庄、云南的洪恩、安徽的淮南以及淮北等地（陶明信等，2005；王万春等，2006；Tao et al.，2007，2012；佟莉等，2013），先后发现次生生物成因煤层气的存在，并多集中于低煤化储层。作为低煤级的粉河盆地早在 1998 年就已经实现了商业开发，并促使美国煤层气当年产量一度达到 337 亿 m^3，这种增长势头一直持续到 2004 年（Walter et al.，2002；Snyder，2005）。进入 21 世纪后，加拿大和澳大利亚等国家也实现了低煤级储层煤层气产量的重大突破。与之相比，当前中国在中高煤级储层煤层气开发过程中已形成以沁水盆地为代表的一定规模的商业性开发，而低煤级储层煤层气仍未取得商业意义上的产量突破。

我国学者开展了低煤化储层含气性、吸附性及成藏模拟等研究（李保国，2001；秦长文等，2004；傅雪海等，2005；刘洪林等，2006；傅小康，2006；王勃等，2006；张新民等，2006），但由于我国低煤化储层煤层气基础研究的力度和深度相对滞后，煤田地质勘探阶段煤层气含量测试不准，致使在低煤化储层中的煤层气开发活动具有较大的盲目性。因此，正确认识低煤化储层的含气性，开展低煤化储层中水溶气、吸附气、游离气含量的物理模拟与数值模拟研究，既具有理论意义又具有实际价值。

1.2 研究现状

1.2.1 低煤化储层煤层气勘探开发

美国最初煤层气产量来源于中高煤化程度的圣胡安和黑勇士盆地，从 1984

年的 2.8 亿 m³，到 1990 年的 55.18 亿 m³，再到 1995 年迅速增加到 265.74 亿 m³，之后增速放缓，随后由于低煤级的粉河、拉顿、尤因塔盆地煤层气的成功开发，2000 年煤层气产量为 396.48 亿 m³，2001 年为 480 亿 m³，2004 年后突破 500 亿 m³。1995 年低煤级盆地煤层气产量只占全美煤层气产量的 2%，2000 年占到总产量的 19%，2004 年以后占总产量的 50% 以上。

截至 2013 年底，我国共开辟了 48 个煤层气勘探区，建立了 6 个开采与试采区，共钻煤层气井 15 000 余口，探明煤层气地质储量为 5664.42 亿 m³、技术可采储量 2848.93 亿 m³、经济可采储量为 2336.09 亿 m³。其中低煤化储层仅在辽宁铁法、阜新和安徽宿州获得探明地质储量 90.26 亿 m³、技术可采储量 45.13 亿 m³、经济可采储量为 37.59 亿 m³。2014 年地面煤层气产量为 37.3 亿 m³，其中山西沁水盆地、鄂尔多斯盆地中、高煤级储层占 95% 以上，除辽宁铁法、阜新外，低煤化储层仍未能成功地进行商业性开发。

1. 褐煤储层

我国在新疆大南湖、沙尔湖、云南昭通、内蒙古海拉尔等褐煤储层煤层气试采结果表明，这些地区褐煤储层含气量低，没有形成产能。在内蒙古霍林河霍试 1 井射开 34 m 厚煤层（埋深 911 m），最高产气量达 1256 m³/d；吉林珲春（煤层总厚 13 m，单层厚小于 2 m，含煤段 100 m 左右，埋深 450~550 m）分 4 段压裂合排，最高单井日产气 3170 m³/d，日产水 13 m³/d，套压 0.74 MPa；辽宁抚顺（主煤层均厚 50 m 左右，最厚达 130 m），6 口井的小井组单井日产气量稳定在 800 m³/d 左右。

2. 长焰煤储层

长焰煤储层煤层气排采效果好于褐煤储层。辽宁铁法盆地 36 口煤层气井（煤厚 40 m，单层厚 10 m，埋深 447~1120 m，含气量 8~12 m³/t），多段分压合排，最高日产气 13 500 m³/d；黑龙江省伊兰区块 24 口煤层气井（煤层厚 16 m，埋深 700 m 左右，含气量 8~10 m³/t），单井日产气最高 3000~4000 m³/d；1993 年，在准噶尔盆地彩南地区钻探的彩 17 井和彩 19 井对侏罗系八道湾组煤层测试，日产气 2000~4000 m³/d（王屿涛等，2002），彩 504 井（埋深 2567~2583 m）压裂后自喷、抽汲 2 天后，煤层开始产气，日产气稳定在 7300 m³/d 左右；液氮助排后最高日产气约为 6000 m³/d，呈现出游离气的特点；新疆阜康矿区大黄山煤矿侏罗系煤层排采气量达 2000 m³/d（王屿涛等，2002）；陕西焦坪矿区下石节煤矿（煤层厚度 8~14 m），含气量 1.94~4.41 m³/t，单井日产气量平均为 1000 m³/d 以上（连续生产 450 天），彬长大佛寺煤层埋深 500 余 m，煤层厚 12 m，含气量 5.29~6.29 m³/t，渗透率（5~6）×10⁻³ μm²，1 口 U 型井日产气最高 17 000 m³/d；山西保德（鄂尔多斯盆地东缘北部，煤厚 1.10~11.70 m，埋深 430~950 m），含气量 1.0~8.4 m³/t，渗透率（0.5~12）×10⁻³ μm²，单井最高日产气量达到 5000 m³/d。

3. 气煤储层

新疆准噶尔盆地南缘阜康矿区科林思德施工直井 40 口，多分支水平井 1口，投产 24 口井，新疆煤田地质局施工直井 50 多口，煤层平均总厚度为 76.76 m，含气量 5.2~13.8 m³/t；渗透率（0.2~16.4）×10⁻³ μm²，科林思德施工的 CSD01井连续产气 10 000 m³/d 以上达 100 d，最高日产气量达 17 000 m³/d；新疆煤田地质局阜康 ZN-01 井小井网产气量也突破 10 000 m³/d。准噶尔盆地东南缘的阜参 1 井 42 号煤含气量为 8.69~15.65 cm³/g，平均为 13.26 cm³/g，44 号煤含气量为 6.47~15.73 cm³/g，平均为 13.48 cm³/g，最大日产气量达到 1000 m³/d，但持续时间较短，衰减很快，洞穴改造储层效果不理想（王彦龙等，2006；杨曙光等，2010）。辽宁阜新刘家区块煤层厚 30~90 m，含气量 7.2~9.8 m³/t，渗透率0.5×10⁻³ μm² 左右，初期 41 口井单井日产气平均 2500 m³/d，最高 16 000 m³/d，8年累计产出 1.6 亿 m³。

1.2.2　三相态含气量

煤层气主要由煤储层水中的溶解气，煤储层宏观裂隙、显微裂隙、大孔隙（孔直径 $d>1000$ nm）、中孔隙（100 nm$<d<1000$ nm）的游离气及过渡孔（10 nm$<d<100$ nm）、微孔（$d<10$ nm）中的吸附气共同构成（Ettinger et al., 1966; Crosdale et al., 1998）。鲜学福等（2006）采用 X 射线衍射、电子显微镜等手段对"煤-甲烷-天然湿度"介质系统进行了研究，证实了甲烷是以游离、吸附和吸收态赋存于煤的孔隙和裂隙中。Mavor 等（1991）和 Pratt 等（1999）在储层温度和低于储层温度下进行过平行煤样的自然解吸，发现低于储层温度的煤样损失气被低估了57%，含气量被低估了29%。美国粉河盆地 Triton 井的煤心气含量测试结果也显示由于没有将游离气和溶解气计算在内，因而使含气量被低估了22%。即使采用在储层温度下解吸，损失气量也是根据解吸气量来推导，美国粉河盆地勘探阶段估计的煤层含气量要比煤层气生产后得到的实际含气量低数倍（Bustin et al., 1999; Andrew et al., 2002）。可见游离气和溶解气在低煤化储层中占有相当的比例，要想正确估算含气量，吸附气、游离气以及溶解气三者缺一不可。

1. 吸附气与游离气

吸附气含量计算方法研究也已非常成熟。常用的吸附理论模型和数学表达式有单分子层吸附模型 Langmuir 方程、多分子层吸附模型 BET 方程、Freundlich 方程、3 参数 Langmuir 方程、Polanyi 吸附势理论、微孔填充理论以及

Dubinin-Astakhov（D-A）方程、Dubinin-Radushkevich（D-R）方程等（桑树勋等，2005；于洪观等，2004）；利用这些理论建立的模型有 Virial 方程、立方型状态方程、Lattice（格子）气体状态方程等。目前得到绝对吸附量主要的方法一是通过直接测量，二是由视吸附量换算（Haydel et al.，1967；Keller，2003）。要对视吸附量和绝对吸附量进行换算，有一个重要前提是如何确定吸附相的密度。由于吸附相密度是不可直接测量的，加之对吸附相的认识存在较大差异，所以学者们采用的吸附相密度值也不同，计算出的绝对吸附量结果也不同。另外，在煤化过程中煤的物理化学性质变化本质上取决于成煤物质的化学组成和化学结构演化（邵震杰等，1993）。煤的不同演化程度存在不同官能团的差异从而引起煤分子化学结构的差异，进而影响着煤的亲甲烷能力。因此，在计算吸附气含量时，应考虑煤化程度以及相应的储层条件。

影响游离气的含量因素较多，其中煤中孔隙和裂隙的大小、形态、孔隙度和连通性等决定了游离气的储集运移和产出（王可新，2010）。陈鹏（2001）研究认为，煤作为多孔固态物质，其总孔体积的主要部分是在微孔中，且煤中孔的体积和孔的大小分布决定着游离气的储集能力。张新民等（2006）通过实验发现褐煤对甲烷的吸附能力很低，褐煤基质中的游离气含量通常占总气含量的 50%以上，并建立了褐煤煤层气含量的确定方法。郑得文等（2008）研究认为，游离气含量与煤储层平均孔隙度、原始含水饱和度、气体体积系数等因素相关。傅雪海等（2010）估算了我国第一口地面多分支煤层气水平井——QNDN1井煤层气单井排采范围内的重力水量、水溶气、游离气含量；董谦等（2012）探讨了页岩气含气量的获取方法，认为吸附气量的估算需要综合考虑有机碳含量、黏土矿物组分、成熟度、温度和压力等因素对页岩吸附能力的影响，建立适当的吸附气含量计算模型，游离气含量估算的关键是确定页岩的有效孔隙度和含气饱和度；刘爱华等（2012）计算了海拉尔盆地煤样吸附气、游离气、水溶气的含量，并发现埋深 1000 m 以内，游离气含量随埋深的增加而增加；张培先（2012）利用测井技术对页岩气进行了识别与评价，分别计算出游离气含量和吸附气含量，并提出了计算页岩游离气含量"四步法"和吸附气含量"三步法"；徐海霞等（2012）介绍了页岩气中游离气的计算方法——容积法；宋涛涛等（2013）研究了吸附气和游离气的主控因素及计算方法；冀昆等（2013）认为储集层在一定物理化学条件下所能容纳的最大气量是有限的，结合测井解释数据和岩心测试数据，可求得储层平均孔隙度和含气饱和度，进而根据储层温度压力条件求得饱和游离气量，并建议计算时对获取的源数据进行趋势面分析，分离出区域性分量，使数据能代表评价区的整体性质。也有学者认为深部煤层仍然有可能存在游离甲烷。因此，在计算游离甲烷时，应考虑到煤层孔裂隙度是受地应力和地温所控制的，当把煤层中甲烷含量转变为标准状态的甲烷量时，不能忽略二者存在着温度上的差别（许江等，2004；鲜学福等，2006）。

2. 水溶气

煤层气主要以吸附状态赋存于煤储层中这一观点已经为人们普遍接受，但越来越多的研究表明溶解态是煤层气不可忽视的赋存状态（傅雪海等，2005；刘爱华等，2012；Liu et al.，2013）。对于水溶性天然气藏国内外已经做了广泛而深入地研究，煤层气主要成分与天然气相似，煤层气在煤层水中的溶解机理与天然气在地层水中的溶解机理没有区别（傅雪海等，2004），因此煤层气在储层水中的溶解特征、溶解机理可以借鉴天然气在地层水中的溶解的研究成果。国内外不少学者广泛而深入地探讨了不同化学成分组成、不同同位素组成的天然气、煤层气的溶解度与储层水温度、压力、矿化度、储层水离子类型之间的关系。

郝石生等（1993）分别采用生物成因气、伴生气、煤成气三种不同成因类型的天然气在不同矿化度的地层水和自配离子水中进行了天然气的溶解度实验，实验结果表明在温度、压力以及天然气成分相同的情况下，地层水的矿化度对天然气的溶解度有一定影响，天然气在地层水中的溶解度随矿化度的升高而降低，在低压条件下，矿化度对溶解度影响很小，在高压条件下，矿化度对溶解度的影响则较大。付晓泰等（1997）研究了不同矿化度条件下天然气各组分的溶解特征，发现随矿化度增大，除甲烷外，其他气体组分的溶解度都出现先增大后减小的现象，并且气体分子结构的碳链越长的组分，这种趋势越明显，且 C_3、C_4 气体组分还观察到溶解度双峰现象。

郝石生等（1993）曾用同一伴生成因的天然气样，分别在矿化度相同的重碳酸钠型、硫酸钠型和氯化钙型的地层水中开展溶解度实验，结果表明：在 10~20 MPa 压力条件下，天然气在硫酸钠水型比在重碳酸钠水型中的溶解度大；在 30~40 MPa 压力条件下，天然气在重碳酸钠水型中比在硫酸钠水型中的溶解度大；在温度为 60~80℃条件下，一般天然气在重碳酸钠水型中比在氯化钙水型中的溶解度大；在温度为 100~120℃条件下，天然气在氯化钙水型中比在重碳酸钠水型中的溶解度大，认为无机盐种类对天然气溶解度的影响相对于总矿化度对溶解度的影响并不明显。傅雪海等（2004）开展 CH_4 在不同矿区煤储层水中的溶解度实验，表明甲烷溶解度受离子类型影响，在 Ca^{2+}、Mg^{2+} 含量高的煤层水中，甲烷溶解度较低。

天然气在地层水中的溶解度随压力的增加而增大，但不是线性关系；溶解度随压力变化的曲线具有先陡后缓的特征，即在压力较低时，溶解度变化梯度较大，近似线性关系，在压力较高时，溶解度变化梯度较小，说明在低压条件下，压力的变化对天然气在地层水中的溶解度影响较大，在高压条件下，压力的变化对其溶解度的影响相对变弱，曲线趋于平行压力轴（McAuliffe，1979；郝石生等，1993）。傅雪海等（2004）实验研究表明甲烷在同一煤层水样中的溶解度随压力升高而增大。

溶解度与温度的关系比较复杂，McAuliffe（1979）实验研究发现不同温度下重烃气体的溶解度-分压曲线均有交叉，提出造成这种现象的原因可能是高温使水的氢键削弱，有效间隙度增大，在高压下更有利于重烃气体的溶解。郝石生等（1993）实验研究表明温度对天然气溶解度的影响主要有以下特征：①当温度小于 80℃时，随温度的升高，天然气在地层水中的溶解度逐渐减小；当温度等于 80℃时，天然气在地层水中的溶解度最小；当温度大于 80℃时，随着温度的升高，天然气在地层水中的溶解度逐渐增大。②不同温度条件下溶解度与压力的关系曲线具有随着压力的增大而发散或散开的特征。说明在高压条件下，天然气的溶解度受温度作用的影响较大，在低压条件下，温度的影响相对较小。③天然气在地层水中的溶解度随温度的升高而具有抛物线的特征，即具有一个极小值，而且这一特征与压力有关，即不同的压力条件下，抛物线的变化趋势不同。在 30~40 MPa 条件下，曲线变化较快，抛物线特征更加明显，在压力小于 20 MPa 条件下，曲线变化较慢而平缓；在 5 MPa 时，曲线更为平缓，趋近直线；当压力低于 5 MPa 时，气体的溶解度随温度的升高而减低，不再出现先减小后增大的情况。

煤层气、天然气在地层水中的溶解度与其化学成分有关系，因为不同的气体组分的溶解度不同，不同成分组成煤层气在地层水中的溶解度也就自然有差异。因此，煤层气溶解前后的化学成分组成也有一定变化，即溶解前后各种气体组分的体积分数会发生变化。

McAuliffe（1979）研究发现常见的天然气组分在地层水中的溶解度的大小具有下列排列顺序：$CO_2 > C_1 > N_2 > C_2 > C_3 > C_4$。付晓泰等（1997）研究了不同天然气组分的溶解平衡常数 K_i，K_i 不仅与温度有关，而且与压力有关，并且压力增大有利于甲烷的溶解，温度升高，有利于重烃的溶解。对某一气体组分而言，该组分的绝对溶解度不仅与 K_i 有关，而且与组分的分压有关。当各组分的温度和分压均相同时，溶解平衡常数的大小顺序为：

$$CO_2 > CH_4 > N_2 > C_2H_6 > C_3H_8 > n\text{-}C_4H_{10} > i\text{-}C_4H_{10}$$

水是强极性溶剂，甲烷为非极性分子，但是 $^{13}CH_4$ 极性大于 $^{12}CH_4$，根据相似相溶理论，$^{13}CH_4$ 在水中的溶解度大于 $^{12}CH_4$，溶解作用会把较多的 $^{13}CH_4$ 带走，剩下更多的 $^{12}CH_4$。因此，溶解作用可以使煤层中甲烷发生碳同位素分馏效应，甲烷在地下水中的溶解度随埋深增大而增大，从而造成甲烷碳同位素溶解分馏作用增强（高波等，2002；苏现波等，2006）。

张晓宝等（2002）用热真空脱气法对水溶气进行研究，并与同一地区的常规的天然气进行对比，发现水溶性甲烷碳同位素明显比天然气偏重。刘朝露等（2004）进行了水溶气运移成藏物理模拟实验，结果表明水溶气中甲烷碳、氢同位素变化均不明显，但略具偏正的特征。秦胜飞等（2006）分别选择高煤级煤和低煤级储层进行了水动力物理模拟实验，高煤级煤储层气样的 $\delta^{13}CH_4$ 初始值为−29.50‰，随着冲洗实验的进行，在水力冲洗作用下，气样的 $\delta^{13}CH_4$ 变为−36.60‰，说明水动力作用使甲烷碳同位素变轻，而对低煤级储层甲烷进行冲洗实验发现，原始气样 $\delta^{13}CH_4$ 初始值为−40.50‰，经过水洗 5 天后 $\delta^{13}CH_4$ 的值为−42.67‰，水洗 10 天后为−45.11‰，水洗 15 天后为−48.26‰，认为由水溶作用产生的甲烷碳同位素分馏效应非常强烈。此外秦胜飞（2012）实验研究了气层气与水溶气碳同位素组成的差异，无论是油型气还是煤型气，水溶气甲烷碳同位素组成都明显重于气层气，二者之间差值大多在 10‰以上，有的高达 20‰，说明地层水对甲烷碳同位素组成的分馏作用十分明显，实验还发现水溶气不仅甲烷碳同位素组成偏重，其重烃组分碳同位素组成也偏重。

地层水除了含有无机盐离子外，还可能含一些可溶于水的有机物，煤层水中还含有一定量的煤粉颗粒，这些物质的存在也将影响到煤层气的溶解度。付晓泰等（1995，1997）实验研究发现表面活性物质对难溶于水的长链烷烃具有显著的增溶作用。因此，地层水中羧酸类物质含量越高，水溶气中重烃的含量越大。由于低煤化储层中可能含有一定量的腐殖酸，煤层水中也溶解一定量的腐殖酸，将对煤层气中重烃组分起到增溶作用。

付晓泰等（1997）选择苯酚和石油环烷酸为代表进行了物理模拟实验，考察极性可溶有机物对天然气溶解度的影响，研究发现苯酚对天然气总溶解度和各组分溶解度的影响均不明显；环烷酸对天然气总溶解度影响不大，但对重烃气体有明显的增溶作用；而增溶作用的相对强弱为：

戊烷 > 丁烷 > 丙烷 > 乙烷

由于地层水中有机物的浓度很低，如环烷酸通常每升只有几至几十毫克。因此，有机物对天然气总溶解度的影响甚微。

傅雪海（2004，2005）对山西沁水盆地不同矿区煤储层水样进行了甲烷溶解度实验，实验结果显示甲烷在含矿化度的煤储层水中的溶解度大于去离子水中的溶解度，压力越高越明显，前人的研究成果显示 CH_4 在离子溶液中的溶解度小于纯水中的溶解度。由此可以推断煤储层水中所含的有机质使甲烷在煤储层水中溶解高于在离子溶液中的溶解度；实验还发现随着压力增大煤层水中的有机质对甲烷的增溶作用变强，并提出产生上述现象的原因是有机质微粒对 CH_4 的吸附作用。

影响煤层气在地层水中溶解度的因素多而复杂，不少学者根据实验现象，提出了煤层气在地层水中溶解度机理，如"Henry 定律"、"气体间隙填充溶解机理"、"气体水合作用溶解机理"等，根据实验数据和理论假设建立了气体溶解度的计算模型（傅广等，1997；付晓泰等，2000；颜肖慈等，2005；宋岩等，2005；陈润等，2007）。

傅雪海（2004，2005）根据甲烷在煤层水中溶解度的物理模拟实验，建立不同储层温度、压力下，水溶甲烷含量与矿化度之间的量板，根据不同埋深下的温度和压力，在上述量板上可读出不同埋深下的水溶甲烷含量，建立了不同埋深条件下甲烷溶解度与矿化度的关系；利用平衡水等温吸附曲线推算了不同埋深（温度、压力条件）下的有机质微粒的吸附气量；根据煤岩孔隙度测试结果与煤基块、水、气三相耦合作用下的压缩系数，得出不同埋深下煤岩孔隙度；利用地球物理测井估计水饱和度即可算出原位储层条件下的水溶气含量。王可新（2010）进行了储层温度、压力、矿化度以及游离 CO_2 影响下的甲烷溶解度物理模拟，煤储层的原位水分含量采用平衡水含量，煤储层原位条件下的孔隙度通过饱和水煤岩的三轴力学实验获得。首先根据物理模拟结果建立不同温度、压力、矿化度甲烷溶解度量板，然后应用插值方法计算不同埋深条件下煤储层中水溶气含量，研究结果表明内蒙古海拉尔盆地褐煤储层 400~2000 m 范围内，水溶气含量介于 0.17~0.67 m^3/t 之间，且随煤层埋深的增加而增大。宋岩等（2010）利用付晓泰建立的气体溶解度方程，结合部分实验室实测数据，分别对侏罗纪准噶尔、吐哈盆地的低煤化储层与阳泉矿区的高煤级储层的含气量和煤层气赋存状态进行了分析，结果表明：低煤化储层以吸附气和游离气为主，含有部分溶解气，并且随埋深的增加溶解气赋存状态的重要性增加。

1.3 存在问题

低煤化储层中，煤层气赋存形态与高煤化程度储层不同，游离态、吸附态、水溶态甲烷各占有较大比例。我国煤田地质勘探中，现场煤层气含量测定大多是在当时水温、压力条件下测得 2 h 内的解吸气量，再由解吸气量推算损失气量（MT/T77—84、MT/T77—94）。对于分布在我国东北、西北地区的低煤化储层而言，由于煤孔、裂隙发育，取心过程在地层温度条件下快速解吸，游离气快速逸散，到地面由于温度降低，解吸速度变慢，有的甚至没有解吸气，造成解吸气量低（即使我国现在施工的煤层气井采用美国矿业局的 USBM 直接法，在储层温度下进行很长时间的解吸气测定，由于其储层物性特征，解吸气量测定值也偏低），尤其是初始几个点解吸气量低，由解吸气推算的损失气也就更低，且不测煤储层水中的水溶气，造成含气量的严重失真。因此，煤层含气量测量值的不准确性仍是目前亟待解决的基础科学问题。

低煤化储层的煤岩组成、孔裂隙结构、吸附特征、含气与含水饱和度与煤化程度较高储层存在明显差异，其对水溶气、吸附气和游离气的影响有待进一步揭示。国内对低煤化储层水溶气、吸附气和游离气含量进行过物理模拟，而对不同埋深条件（地应力、储层温度、压力）的水溶气、吸附气和游离气含量的数值模拟尚不多见。

前人计算煤层气在储层水中的溶解度的方法主要有两类:一类是根据煤层气在储层水中的溶解度物理模拟实验,建立煤层气在不同温度、压力与矿化度条件下的溶解度量板,然后利用插值方法得到不同埋深下煤层气溶解度;另一类方法是利用天然气溶解度回归方程计算煤层气溶解度。前一种方法得到的煤层气溶解度符合储层实际条件,但是煤层气在高压条件下的溶解度物理模拟测试费用昂贵,并且实验测试条件(温度、压力、矿化度)以外的煤层气溶解度需要利用插值方法获得,插值过程中可能会产生一些误差。回归方程计算煤层气溶解度一般都未考虑煤层气成分组成的影响,因此其回归方程不具有普遍适用性,只有研究区的天然气组成与获得回归方程的天然气组成相近时,回归方程才能适用于研究区的气体溶解度计算,否则会产生较大的误差。因此,建立符合煤储层自身条件及普遍适用的煤层气溶解度物理模拟与数值模拟方法是亟待解决的问题。

1.4　研究内容与研究方案

1.4.1　研究内容

为了客观认识我国低煤化储层的含气性,本书以内蒙古海拉尔盆地及新疆准噶尔盆地南缘的阜康矿区为重点研究区域,通过物理模拟和数值模拟,构建低煤化储层三相态含气量预测的理论和方法,主要研究内容如下:

1. 低煤化储层三相态含气系统的地质研究

分析低煤化储层显微煤岩组成、煤层全水分含量、阴、阳离子组成和矿化度,结合前期研究成果,阐明低煤化储层煤岩组成、煤质特征、煤层水地球化学特征等不同于中、高煤级储层的特有表现形式。

2. 三相态甲烷含量的物理模拟研究

基于不同温度、压力下不同低煤化程度煤对甲烷的吸附实验,模拟不同温压条件下不同低煤化程度煤中吸附气含量;基于不同温度、压力条件下煤储层水(含不同矿化度、煤粉)溶解甲烷的物理模拟,分析不同压力、温度、不同煤储层水条件下甲烷溶解度特征;基于不同围压、温度条件下含水煤样孔隙度的物理模拟,结合煤层气体压力特征,获得不同温度、压力条件下不同低煤化程度煤中游离气含量计算所需的参数。

3. 储层条件下三相态甲烷含量的数值模拟研究

分析储层条件下低煤化储层的孔隙度与游离气的关系,数值模拟不同埋深条件（地应力、储层温度、压力）下煤中游离气含量；分析储层条件下甲烷的溶解度与水溶气的关系，数值模拟不同埋深、不同水分含量和性质条件下煤中水溶气含量；分析储层条件下煤对甲烷的吸附能力与吸附气的关系，数值模拟不同埋深条件下煤中吸附气含量。

1.4.2　研究方案

第一阶段，广泛收集及整理海拉尔盆地、准噶尔盆地阜康矿区的基础地质资料，采集研究煤样和煤储层水系统（煤储层水或其顶底板）水样，为模拟验证、理论推导和模型建立提供地质基础。

第二阶段，分析测试与模拟实验。包括基础煤岩、煤质及水质分析、压汞测试、等温吸附实验、煤岩覆压孔隙度测试和水溶气（CH_4）溶解度含量等测定。

第三阶段，机理分析及地质建模阶段，包括地质模型和耦合分析两个部分：

（1）地质模型。基于低煤化储层的空间结构、煤储层水系统特征、水压、气压的实测资料，建立低煤化储层三相态甲烷含量预测的地质模型。

（2）耦合分析。利用煤储层水系统及温压条件下甲烷溶解度的物理模拟，建立低煤化储层水溶气含量预测的数学模型；基于储层条件下的有效孔隙度与气压，利用马略特定律建立游离气含量预测的数学模型；基于不同温度、不同压力下的吸附实验，建立吸附气含量预测的数学模型。基于上述结论，分析不同埋深条件下的三相态甲烷含量预测的耦合关系。

具体的研究方案流程见图 1-1 所示。

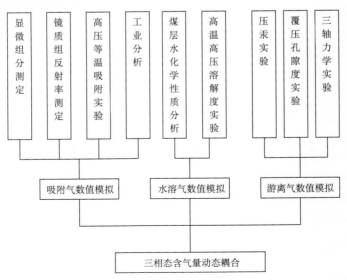

图 1-1　研究方案流程示意图

2 地 质 背 景

2.1 我国低煤级储层分布

中国低煤级储层主要赋存在东北早白垩世和古近纪（袁三畏，1999），以及西北和华北的早-中侏罗世含煤地层中（韩德馨，1996），主要是指镜质组最大反射率（$R_{o,max}$）介于 0.2%~0.65%之间的褐煤和长焰煤。从区域上来看，我国的低煤级储层主要分布在天山-阴山以北地区，包括东北地区、内蒙古和新疆北部，具体分布在鄂尔多斯盆地、准噶尔盆地、吐哈盆地、伊犁盆地、柴达木盆地北缘以及内蒙古东部的二连盆地、海拉尔盆地等西北和东北地区（图 2-1）。

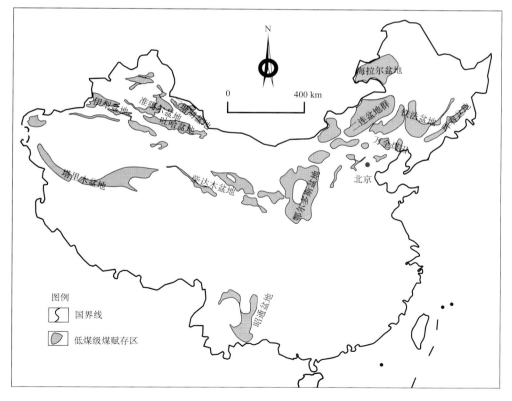

图 2-1　中国低煤级储层分布图

低煤级储层主要存在于早-中侏罗世、早白垩世、古近纪、新近纪等成煤期，其中早、中侏罗世、早白垩世是我国重要的成煤期。早、中侏罗世成煤作用主要发生在西北地区，煤炭资源量占全国的 35.5%；早白垩世成煤作用主要发生在东北地区，煤炭资源量占全国的 7.1%（毛节华等，1999）。新疆准噶尔、吐哈、塔里木盆地是我国主要的低煤级盆地，煤层层数多，煤层厚度大，煤层最大累厚近 200 m，最大单层煤厚逾 100 m，煤层层数超过 50 层。我国低煤级盆地具有煤层发育层数多、厚度大、埋藏浅、煤炭及煤层气资源量大的特点。根据第 3 次全国煤田预测资料，我国陆上垂深 2000 m 以浅的煤炭资源总量为 55 697.49 亿吨，其中，褐煤、长焰煤和气煤为 42 439.92 亿吨，占 76.2%。

褐煤系指 $R_{o,max}$ 介于 0.2%~0.5% 之间的低煤化程度煤，具有水分多，密度小，不黏结，含腐殖酸，氧含量高，化学反应性强，热稳定性差，在空气中易风化的特征。截止到 2006 年，我国已探明褐煤储量达 1300 多亿吨，占全国探明煤炭总储量的 13%（赵振新等，2008）。褐煤在华北、东北、华东、中南、西南和西北均有分布，其形成时代有侏罗纪（仅在局部地区有分布，如甘肃天祝等）、白垩纪、古近纪和新近纪，且以古近纪、新近纪为主。华北地区为中国的主要分布地区，约占全国褐煤地质储量的 75% 以上（表 2-1），其中又以内蒙古东部地区褐煤资源赋存最多，其煤化程度较高，多属硬褐煤；西南区是中国仅次于华北区的第二大褐煤产地，其储量约占全国褐煤的 12.5%，其中大部分分布在云南省境内，其褐煤多属软褐煤。

长焰煤是指 $R_{o,max}$ 介于 0.50%~0.65% 之间的高挥发分低煤化烟煤，黏结性无至弱，年轻的长焰煤还含少量腐殖酸（袁三畏，1999）。长焰煤主要分布于西北、华北和东北地区，以内蒙古、新疆、陕西、宁夏、山西最为重要，其次有甘肃、辽宁、河北、黑龙江、吉林、河南等省资源也比较丰富。成煤时代以早、中侏罗世分布面积广、资源量最大，其次为早白垩世，石炭二叠纪和古近纪、新近纪仅见于个别矿区。

表 2-1　中国各大区褐煤储量分布（据赵振新等，2008）

各大区名称	华北	东北	华东	中南	西南	西北
占全国褐煤储量/%	77.8	4.7	1.3	2.0	12.5	1.7
占本区煤炭总储量/%	16.2	19.5	2.6	7.6	15.8	2.9

2.2　我国低煤化储层煤岩、煤质特征

2.2.1　褐煤、长焰煤

显微镜下褐煤的煤岩成分通常划分为腐殖组（我国还分出了半腐殖组）、惰

质组、稳定组三大显微组分组，各显微组分组可进一步划分若干显微组分，显微组分又可细分成显微亚组分及显微组分种，并由它们组合成各种显微煤岩类型。

国际煤岩学会（ICCP，International Committee for Coal and Organic Petrology，1982~1984）将褐煤宏观煤岩类型划分为碎屑煤（条带煤、非条带煤）、木质煤、丝质煤和富矿物煤，中国学者一般将其分为碎屑煤、木质煤、丝质煤和矿化煤。研究表明，中国褐煤中以木质煤和碎屑煤为主，二者之和大于80%（韩德馨，1996）。在时代上，早白垩世褐煤中丝质煤所占的比例比古近纪、新近纪煤明显增多，如内蒙古扎赉诺尔、伊敏河及霍林河等矿区常达30%左右；矿化煤在新近纪的某些煤田中较多，如云南昭通、小龙潭等，通常以钙化、黄铁矿化和菱铁矿化的形式出现。

不同聚煤期的褐煤，由于成煤物质、成煤环境及煤化作用的不同，因而有不同的煤岩特征。早、中侏罗世褐煤的腐殖组含量最低，平均仅50%左右，而其他时代的褐煤腐殖组含量普遍高达80%以上，其中以古近纪褐煤最高，平均可达87%左右；早、中侏罗世褐煤的惰质组含量最高，一般大于30%，早白垩世褐煤的惰质组平均含量比古近纪、新近纪褐煤稍高；褐煤中的稳定组平均含量小于5%，且成煤时代越早含量越低，如新近纪平均含量5.91%，古近纪平均3.71%，早白垩世平均含量为2.03%（表2-2）。从镜质组最大反射率值可以看出，从侏罗纪到新近纪煤化程度逐渐变低，早白垩世和古近纪褐煤多属硬褐煤，而新近纪褐煤多属软褐煤。

表2-2 中国不同时代褐煤显微组成和反射率（韩德馨等，1996）

聚煤期	煤岩显微组分 /%				腐殖组最大反射率 $R_{o,max}$ /%
	腐殖组	半腐殖组	惰质组	稳定组	
新近纪	82.86	6.14	3.23	5.91	0.229~0.480 / 0.346
古近纪	87.99	6.30	2.00	3.71	0.291~0.659 / 0.474
早白垩世	84.27	4.83	8.83	2.03	0.256~0.534 / 0.407
早、中侏罗纪	50.80	10.04	34.41	0.75	0.389~0.531 / 0.445

早白垩世褐煤主要集中在内蒙古东部，成煤植物以裸子植物为主，含丝质体较多。内蒙古霍林河、扎赉诺尔、伊敏矿区煤的类型以碎屑煤和丝质煤为主，二者之和达70%以上（韩德馨，1996）。显微组分中，以腐殖组为主（含量50%~90%），其中结构木质体、细屑体很少，多以腐木质体、密屑体、凝胶体为主，尤其密屑体常作为主体组分出现，这说明褐煤已达一定的凝胶化程度；惰质组含量偏高，在有的煤中可达30%~45%，其中主要是丝质体和菌类体，部分矿区中可见微粒体；

稳定组含量一般为 3%~9%，主要是孢粉体、次为角质体、树脂体等。腐殖组的随机反射率为 $R_{o,max}$ 为 0.35%~0.45%。

古近纪褐煤主要分布在东北和华北东部地区；此外，在广西的百色、南宁，以及广东茂名等地均有分布。山东黄县的褐煤，煤化程度较高，腐殖组 $R_{o,max}$ 可达 0.49%，在主要煤层中凝胶化木质煤和碎屑煤占主体，层状碎屑煤和非层状碎屑煤常有一定含量，并含有较多的琥珀颗粒。煤岩研究表明，腐殖组是主要成分，尤其碎屑腐殖体含量最多；稳定组分中，除孢粉体、角质体、树脂体外，还有弱褐色荧光的木栓质体、沥青质体、荧光体、渗出沥青体等。藻类体以层状分布于煤层的特定部位中；惰质组含量较少，一般为 1%~2%，未见微粒体。褐煤中，黏土、黄铁矿等矿物常充填于胞腔中，次生的黄铁矿常见。广西百色的褐煤煤化程度较低，腐殖组最大反射率 $R_{o,max}$ 一般为 0.36%~0.40%，为高腐殖组、富稳定组、贫惰质组的暗褐煤。腐殖组的密屑体是煤中主要显微组分，稳定组分数量丰富，以树脂体较其他稳定组分相对丰富多样为特征。

新近纪褐煤主要分布在云南、广西，其次是台湾、西藏等地。云南新近纪褐煤以木质煤和碎屑煤为主，在某些煤田内矿化煤含量较多（如昭通、小龙潭）。云南褐煤显微组分研究表明，腐殖组是褐煤的主要显微组分，其中结构木质体含量较其他地质时代褐煤中高得多。

中国不同时代的长焰煤的煤岩显微组分有很大差别，其中镜质组含量平均为 79.30%，惰质组为 11.16%，壳质组含量平均为 2.58%。不同时代的长焰煤相比较，古近纪长焰煤比晚侏罗世长焰煤的镜质组含量高，惰质组含量低（表 2-3）。

表 2-3　中国不同时代长焰煤显微组成和反射率（韩德馨等，1996）

聚煤期	煤岩显微组分 /%				镜质组平均反射率
	镜质组	半镜质组	惰质组	壳质组	$R_{o,max}$ /%
古近纪	91.98	2.22	0.90	4.90	0.611
晚侏罗世	77.24	7.71	12.86	2.19	0.570
平均值	79.34	6.92	11.16	2.58	0.575

根据国家标准 GB/T8899—1998、GB/T15588—1995、GB/T15590—1995，本书对采自内蒙古海拉尔、新疆吐哈盆地、准噶尔盆地的低煤级煤样进行了煤岩显微组分鉴定，测试结果采用去矿物基，从测试结果可以看出，腐殖组/镜质组（含半腐殖组/半镜质组）介于 6.34%~94.65%之间，平均为 60.89%；惰质组介于 0.50%~87.51%之间，平均为 31.54%；稳定组/壳质组介于 0.75%~18.27%之间，平均为 7.54%（表 2-4）。

利用国产的工业分析设备，依据工业分析的国家标准，对采自内蒙古海拉尔、新疆吐哈盆地、准噶尔盆地的低煤级煤样进行了基础煤质测试分析，结合收集的 11 件煤样资料（共 31 件煤样），其镜质组反射率 $R_{o,max}$ 介于 0.24%~0.65% 之间，平均为 0.50%（表 2-5）。

表 2-4　低煤级储层煤岩显微组成和反射率测试结果汇总表

采样地点	样号	煤岩显微组分/%			$R_{o,max}$/%
		腐殖组/镜质组	惰质组	稳定组/壳质组	
珲春盆地	HC-01*	26.16	62.98	9.86	0.33
	HC-02*	72.61	16.72	10.67	0.40
	HLR-01	40.02	50.21	9.77	0.24
	HLR-02	30.82	58.84	10.34	0.26
	HLR-03	26.16	63.98	9.86	0.33
海拉尔盆地	HLR-05	84.77	8.43	6.80	0.42
	HLR-06	82.53	14.06	3.41	0.42
	HLR-07	65.88	28.89	5.23	0.42
	HLR-08*	94.30	0.50	5.20	0.60
陕北	SB-01*	53.01	31.97	15.02	0.55
	SB-02*	55.11	26.62	18.27	0.65
铁法 30	TF	94.65	4.60	0.75	0.64
	TH-01	69.78	26.17	3.32	0.50
	TH-02	75.00	18.48	5.83	0.53
	TH-03	87.01	2.89	10.89	0.54
	TH-04	90.52	1.81	8.15	0.54
	TH-05	76.99	17.72	4.71	0.55
吐哈盆地	TH-06	85.68	10.79	3.29	0.56
	TH-07	72.20	24.69	2.56	0.56
	TH-08*	65.52	20.53	13.95	0.57
	TH-09	62.81	31.20	4.79	0.62
	TH-10	36.42	59.05	2.93	0.65
	TH-11*	6.34	87.51	6.14	0.65
河北万全煤田	WQ	43.55	52.42	4.03	0.41
伊犁盆地	YL-01*	65.73	26.41	7.86	0.45
	YL-02*	14.29	79.18	6.54	0.65
	ZGR-02*	72.54	16.80	10.66	0.40
准噶尔盆地	ZGR-03	54.79	40.21	3.70	0.54
	ZGR-04	36.70	60.30	1.91	0.57
	ZGR-05	72.02	25.10	2.36	0.59
珲春盆地 30	HC-02*	72.61	16.72	10.67	0.40

注：　*为收集的测试成果，分别摘自傅小康（2006）、苏现波等（2001）、陈鹏（2001）、谢勇强（2006）

表 2-5　低煤级储层工业分析测试结果汇总表

采样地点	样号	$R_{o,max}$ /%	工业分析/%		
			M_{ad}	A_d	V_{daf}
珲春盆地	HC-01*	0.33	11.46	5.60	34.01
	HC-02*	0.40	13.60	7.19	38.05
海拉尔盆地	HLR-01	0.24	25.24	9.02	49.71
	HLR-02	0.26	22.17	11.82	44.16
	HLR-03	0.33	9.64	5.08	34.01
	HLR-05	0.42	8.20	6.48	43.61
	HLR-06	0.42	11.65	8.13	41.42
	HLR-07	0.42	15.66	9.41	42.62
	HLR-08*	0.60	3.63	8.16	46.42
陕北	SB-01*	0.55	10.90	4.98	38.60
	SB-02*	0.65	9.64	4.97	30.50
铁法盆地	TF	0.64	4.37	19.78	30.68
吐哈盆地	TH-01	0.50	4.31	4.82	43.47
	TH-02	0.53	6.69	14.01	40.25
	TH-03	0.54	3.61	7.29	47.55
	TH-04	0.54	3.37	12.46	44.15
	TH-05	0.55	4.63	4.14	40.69
	TH-06	0.56	7.74	3.51	39.76
	TH-07	0.56	10.78	0.40	38.07
	TH-08*	0.57	2.59	3.18	34.50
	TH-09	0.62	3.84	7.77	41.72
	TH-10	0.65	9.86	5.25	29.36
	TH-11*	0.65	4.74	2.38	23.73
万全煤田	WQ	0.41	12.06	12.11	33.41
伊犁盆地	YL-01*	0.45	11.46	2.68	35.94
	YL-02*	0.65	14.40	4.92	27.60
准噶尔盆地	ZGR-02*	0.40	7.70	5.99	39.46
	ZGR-03	0.54	3.63	3.16	32.39
	ZGR-04	0.57	3.45	7.34	31.53
	ZGR-05	0.59	1.93	3.63	39.07
昭通盆地	ZT*	0.30	10.12	12.84	42.40

注：　*为收集的测试成果，分别摘自傅小康（2006）、苏现波等（2001）、陈鹏（2001）、谢勇强（2006）

从测试结果可以看出，低煤级煤层样中的水分 M_{ad} 含量介于 1.93%~25.24%之间。其中，褐煤水分含量介于 4.31%~25.24%之间，长焰煤介于 4.31%~14.40%之间，总体随煤化程度的增加而减少（图 2-2）。所分析的煤样灰分 A_d 大多在 20%以下，褐煤和长焰煤的分布范围差别不大，且大部分样品的灰分低于 10%，属特低灰煤。低煤级煤干燥无灰基挥发分产率 V_{daf} 介于 23.73%~49.71%之间，先随煤化程度的增加而减少（拐点在 $R_{o,max}$ =0.35%左右），再随煤化程度的增加而增加（拐点在 $R_{o,max}$ =0.55%左右），后又随煤化程度的增加而减少（图 2-3）。

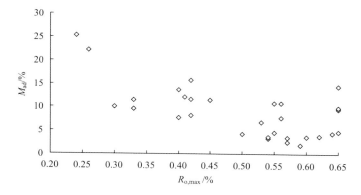

图 2-2　$R_{o,max}$ 与 M_{ad} 关系图

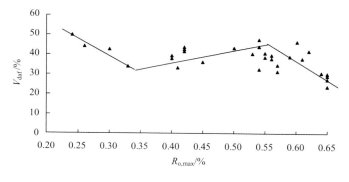

图 2-3　$R_{o,max}$ 与 V_{daf} 关系图

2.2.2　气煤

本书测试和收集了 32 个气煤的工业分析、煤岩显微组成和反射率测试结果，见表 2-6。煤岩显微组分采用去矿物基进行统计，结果表明，镜质组介于 14.51%~96.95%之间，平均为 66.62%；惰质组介于 0.51%~41.77%之间，平均为 17.50%；壳质组介于 0~74.39%之间，平均为 15.88%。

表 2-6　气煤储层工业分析、煤岩显微组成和反射率测试结果汇总表

采样地点	$R_{o,max}$/%	工业分析/%			煤岩显微组分/%		
		A_d	V_{daf}	$S_{t,d}$	镜质组	惰质组	壳质组
唐家庄	0.90	5.97	38.22	3.32	88.75	10.22	1.02
荆各庄	0.73	7.09	39.51	0.59	79.34	16.14	4.52
灵山厂	0.84	8.18	39.87	1.11	63.60	27.09	9.31
抚顺龙凤	0.67	3.84	43.43	0.58	94.33	0.51	5.17
辽源太信	0.70	7.33	42.21	1.11	96.95	0.63	2.42
吉林蛟河	0.76	7.12	38.86	0.29	94.93	1.24	3.83
双鸭四方台	0.71	8.29	42.66	0.30	86.02	1.44	12.54
双鸭宝山	0.74	8.00	39.00	0.27	89.30	8.24	2.46
徐州青山泉	0.68	4.96	46.28	3.18	90.92	4.64	4.44
徐州夹河	0.77	5.65	37.44	0.34	51.40	37.04	11.55
徐州韩桥	0.72	5.14	42.73	1.90	77.30	18.10	4.60
徐州大黄山	0.81	6.20	37.03	0.41	75.82	13.98	10.20
淮北袁庄	0.84	8.86	36.64	0.39	67.39	22.43	10.19
淮北沈庄	0.78	8.59	39.52	0.65	54.10	26.23	19.67
乐平桥头丘	0.75	8.18	49.64	2.58	29.14	20.76	50.10
柴里三分层	0.78	7.57	38.16	0.52	48.09	41.30	10.61
柴里二分层	0.77	7.04	37.44	0.49	47.94	41.77	10.29
肥城大封	0.73	6.33	42.00	1.94	81.86	14.99	3.14
肥城陶阳	0.71	3.76	43.30	2.95	84.84	11.70	3.46
肥城曹庄	0.79	5.16	36.98	0.44	65.41	27.46	7.13
新汶禹村	0.75	6.09	40.00	0.76	73.19	18.32	8.49
新汶张庄	0.73	3.51	43.05	1.43	82.99	12.73	4.28
新汶协庄	0.73	3.81	40.09	1.16	63.03	28.79	8.18
长广千井湾	0.74	14.19	50.90	3.04	14.51	11.10	74.39
长广新槐	0.74	12.05	52.07	3.03	26.43	6.77	66.81
长广白龙岗	0.71	15.28	54.92	2.08	16.98	14.78	68.24
源陵矿	0.74	9.52	42.80	9.77	30.89	20.70	48.41
永川七井	0.88	7.10	32.95	0.92	73.76	19.81	6.43
荣昌四井	0.89	4.54	33.88	0.50	67.62	27.68	4.70
广元上寺矿	0.84	12.24	43.34	10.83	85.81	14.19	0.00
水城大河边	0.78	7.75	43.23	1.33	48.97	25.52	25.52
鱼洞矿	0.79	10.45	40.12	2.56	80.21	13.82	5.97

注：此表为收集的测试成果，摘自陈鹏（2001）

气煤的灰分 A_d 介于 3.51%~15.28%之间，平均为 7.49%，大部分在 10%以下，属特低灰煤。干燥基全硫含量（$S_{t,d}$）介于 0.27%~10.83%之间，平均 1.90%，属于低硫煤。干燥无灰基挥发分产率 V_{daf} 介于 32.95%~54.92%之间，平均为 41.51%，总体随煤变质程度的增大而逐渐地减小（图 2-4）。

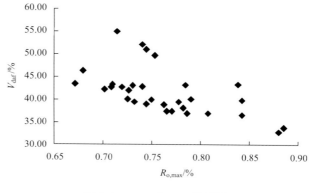

图 2-4　$R_{o,max}$ 与 V_{daf} 关系图

3　吸附态甲烷含量物理模拟研究

吸附（或称表面吸附）是指固体或液体表面黏着的一层极薄的分子层（如气体、固体或液体分子），且它们与固体或液体表面处于接触的状态。吸附是气体与固体表面之间未达到热力学平衡时发生的，达到平衡的过程是由"吸附质"的气体分子在"吸附剂"的固体表面上的逐渐积累而实现的。吸附的结果，是在固体表面上形成了由吸附质构成的"吸附层"。并且甲烷是以物理吸附的方式赋存在煤中（Moffat et al.，1955；Yang et al.，1985；傅雪海等，2007）。煤是一种多孔介质，具有较高的非均质性，含有较多孔径小于 50 nm 的微孔，这使煤内表面积较大，可形成较高的表面吸附力，也使得甲烷主要以吸附态存在。因此吸附态甲烷含量的研究对于评估煤层含气量和煤层气开发方式具有指导意义。

3.1　吸　附　理　论

煤体对甲烷的吸附有多种理论和表达方程，比如，基于单分子层吸附理论的 Langmuir 方程、基于多分子层吸附理论的 BET 方程以及基于吸附势理论的 R-D 方程。除此之外还有位能理论和统计势动力学理论等。其中 Langmuir 方程在研究煤对甲烷吸附方面得到广泛的应用。

1. 单分子层吸附理论——Langmuir 方程

动力学理论中最早且迄今仍在广泛应用的是 Langmuir 单分子层吸附理论。煤吸附甲烷行为，是一种固体表面上进行的物理吸附过程，符合 Langmuir 等温吸附方程（Yang et al.，1985）。在等温吸附过程中，压力对吸附作用有明显影响，随压力增加吸附量逐渐增大。Langmuir 方程的基本假设条件是：①吸附平衡是动态平衡；②固体表面是均匀的，且各处的吸附能力相同；③被吸附分子间无相互作用力；④吸附作用仅形成单分子层。其表达式为

$$V = \frac{V_L p}{P_L + p} \tag{3-1}$$

式中：V——吸附量，cm^3/g；

　　p——压力，MPa；

　　P_L——Langmuir 压力，MPa；

V_L——Langmuir 体积，cm^3/g。

2. 多分子层吸附理论——BET 方程

动力学理论的另一分支是多分子层吸附理论，是 Langmuir 单分子层吸附理论的扩展。该理论将 Langmuir 对单分子层假定的动态平衡状态，用于各不连续的分子层。另外假设第一层中的吸附是靠固体分子与气体分子间的范德华力，而第二层以外的吸附是靠气体分子间的范德华力。吸附是多分子层的，每一层都是不连续的，吸附质的吸附和脱附只发生在直接暴露于气相的表面上，并且第一层的吸附热和以后各层的吸附热不同，而第二层以上各层的吸附热相同。多分子层吸附理论是由布鲁劳尔（Brunauer）、埃麦特（Emmet）、特勒（Teller）三人于 1938 年提出的，因此，这种吸附称 BET 吸附。BET 方程的二常数表达式为

$$\frac{p}{V(P_a - P)} = \frac{1}{V_m C} + \frac{C-1}{V_m C} \cdot \frac{p}{P_a} \qquad (3-2)$$

式中：V_m——单分子层达到饱和时的吸附量，cm^3/g；

　　　P_a——实验温度下吸附质的饱和蒸气压力，MPa；

　　　p——蒸气压力，MPa；

　　　C——与吸附热和吸附质液化热有关的系数。

3. 吸附势理论、微孔充填理论——DR 方程

吸附势理论认为吸附是由势能引起的，在固体表面附近存在一个势能场，即吸附势，就如同地球存在引力场，使空气在地球表面附近包覆成大气层一样。距离固体表面越近吸附势能越高，因此吸附质的浓度也越高，反之则越低。Polanyi 曾对吸附势进行了定量描述，因此这种理论有时也被称为 Polanyi 吸附势理论。Dubinin 和 Radushkevich 于 1947 年提出了半经验方程，Dubinin 与其他学者又进一步发展和完善此理论，提出了许多吸附等温式，吸附势理论对微孔吸附剂的等温吸附进行定量描述的方程是 Dubinin-Radushkevich（DR）方程，即

$$V = V_0 \exp\left[-K \left(\frac{RT}{\beta} \ln \frac{P_0}{P} \right)^2 \right] \qquad (3-3)$$

式中：V_0——单位质量的微孔体积，cm^3/g；

　　　P_0——实验温度下吸附质的饱和蒸气压力，MPa；

　　　β——吸附质的亲和系数；

　　　K——与孔隙结构有关的常数；

　　　T——热力学温度；

　　　R——普适气体常数，为 8.314J/（mol·K）。

吸附势模型可描述孔径较小物质（一般孔径 0.6~0.7 nm）的吸附，并且不易发生多层吸附或毛细凝结现象。近年来，吸附势理论主要应用在非极性气体上，如甲烷、氮气和氢气等，并对这些气体的吸附特性给出了很好解释，但是对于极性的吸附体系来说，由于吸附质气体分子与吸附剂表面的作用力不再单单是与温度无关的色散力和排斥力等，而且还存在与温度有关的静电场力，这种力的存在使得基于吸附势理论的吸附特征曲线不再重合。

4. 位能理论

对多层吸附而言，位能理论认为固体吸附剂表面存在一个位能场。吸附质分子在这一场中越接近固体表面密度就越大，越向外越小。如果认为固体与气体分子间的力为色散力，则位能理论称为色散模型；如果是诱导力，则为极化模型。这两种模型在煤层气领域应用较少。

5. 统计势动力学理论——多相吸附模型

Collins（1991）提出了一种新的综合性理论，认为处于吸附平衡状态时孔隙中的气体存在四种相态：由孔隙表面的单分子层吸附相向外依次过渡为类液态相、孔隙相和最外部的游离态相。该理论认为这四种相态内存在两种分子间的力：范德华力和色散力，并假设多孔物质的孔隙为柱状，半径相等。在高压下的吸附等温线方程为：

$$N_a = \frac{SP}{P_L + P} + V_P G(T) \left[\frac{P}{KT} \left(1 - 2B\frac{P}{KT} \right) \right] + \left[\frac{\alpha}{KT \ln \frac{KT\lambda(T)}{4BP}} \right]^{1/3} \sum V_P \qquad (3-4)$$

式中：N_a——吸附剂中气体分子数；

P_L——Langmuir 压力常数；

V_P——吸附剂孔隙体积；

α——常数；

$\sum$——比表面积；

S——吸附位总数量；

$G(T)$——无量纲温度校正因子；

K——Boltzmann 常数；

B——范德华因子；

$\lambda(T) = (h/mKT)^{1/2}$，$h$ 为 Planck 常数；m 为气体分子质量。

式（3-4）中的第一项为单层吸附的分子数量，实际为 Langmuir 等温吸附；

第二项为以"孔隙气"形式存在于孔隙体积 V_P 中的分子数量；最后一项为以"压缩"或"类液层"形式存在的气体分子数量，在压力较低时为零。这种吸附等温线可用图 3-1 来表示。

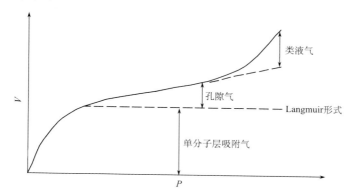

图 3-1   等温吸附条件下多孔固体中的三种相态

3.2   实　验　方　法

煤的吸附实验有三种测定方法：①在恒压条件下测定不同温度时的吸附量（等压线）；②吸附物质的量或体积一定时，比较不同温度下的压力变化（等容线）；③在恒温条件下测定不同压力时被吸附物质的数量（等温线）。

由于一种类型的曲线可以换算成另一种类型的曲线，故一般只进行等温吸附实验。测量吸附等温线的方法有体积法和重量法。20 世纪 90 年代以前，大多是在低压条件下，用重量法或体积法测定干燥煤样的等温吸附曲线。目前使用最普遍的是利用 Mavor 等（1991）给出的体积法，在平衡水条件下测定煤样的吸附等温线。本书选择体积法和重量法共同物理模拟低煤级煤的吸附特征。

3.2.1   实验装置

1．体积法

体积法等温吸附实验的测量仪器主要是一台改进了的玻意耳定律孔隙率仪（美国 Raven Ridge 公司生产的高压等温吸附仪，图 3-2）。该仪器安装在恒温水浴上，由容量为 80 cm³ 的不锈钢基准缸和容量为 160 cm³ 的不锈钢器缸组成，容器、管子和阀门的压力值必须大于实验时所预料的最高压力值，所有缸和管子的容积必须精确地测定。基准缸和实验缸设在恒温器中，其温度误差控制在±0.2℃以内，基准缸和实验缸压力是由高精密压力传感器单独监控，精度为 3.51 kPa。

实验缸的温度在实验期间要确保稳定。

　　不同时间的温度和压力数据均由计算机收集，数据采集使用高速 16 位模拟数字转换器完成，在前 60 s 以每秒 100 个点的速度来采集，随后的数据以每秒 10 个点的速度采集，可以同时进行 4 个等温实验缸的数据采集。

图 3-2　IS-100 型气体等温吸附/解吸仪

2. 重量法

　　重量法等温吸附实验采用了荷兰安米德公司生产的 ISOSORP-GASSC 超临界等温吸附仪（图 3-3）。该仪器采用磁悬浮天平直接称量样品在吸附/脱附过程中重量的变化，直接测量得到样品的吸附/脱附量，不需要通过气体状态方程 $pV=nRT$ 来进行转换。

图 3-3　ISOSORP-GASSC 超临界等温吸附仪

3.2.2　样品制备及操作步骤

1. 体积法

将样品破碎到小于 60 目（0.25 mm），在进行等温吸附实验以前，先进行样品的工业分析，以测定样品的水分、灰分、挥发分和固定碳含量。为了再现储层条件，采用美国材料实验协会（ASTM，American Society for Testing and Materials）所推荐的标准，即在储层温度和平衡水条件下进行气体吸附实验。

平衡水分含量的确定方法：先将样品称重（约 100 g），精确到 0.2 mg，把自然煤样放入装有过饱和 K_2SO_4 溶液的恒温箱中，该溶液可以使相对湿度保持在96%~97%。48 h 后煤样即被全部湿润，间隔一定时间称重一次，直到恒重为止。平衡水分含量等于工业分析中空气干燥基水分（M_{ad}）与平衡煤水分含量之和。

容量测定包括如下步骤：① 校准仪器以确定实验缸的孔隙体积；② 使基准缸充气的压力大于现时等温阶段实验缸要求的最终压力；③ 打开基准缸和实验缸之间的阀门，使其压力相等，并关闭该阀门；④ 监测实验缸的压力，以确定该压力点何时达到稳定，即达到吸附或脱附平衡；⑤ 重复步骤②到步骤④，直至达到实验最终压力为止；⑥ 进行等温解吸测量。

把煤放进仪器之前，先把体积已知的钢坯放进实验缸，根据玻意耳定律，用氦气确定基准缸和实验缸的总容积。在实验室温度下重复三次作初始校准，以便把实验误差降至最低。总容积测量的误差一般是±0.03 cm³。

一旦煤样的水分含量达到平衡，就将 80~150 g 的样品密封在实验缸内。用氦清洗缸体，用氦标定的过程要重复进行四次，以确定实验缸的容积和煤的密度，空隙容积测量误差一般在±0.03cm³ 以内。在标定期间，必须估算相应温度和压力时氦的气体偏差系数，这种估算值可从氦的气体偏差系数表中获得。

实验过程中首先用高纯甲烷（甲烷纯度为 99.99%）清洗基准缸，然后充气使基准缸的压力大于这个压力点估算的稳定压力，打开两个缸之间的阀门，使其压力相等，记录整个阶段内不同时间的压力。在该压力点早期，以 0.01 s 的间隔收集数据，而在该压力点晚期，则以 0.1 min 的间隔收集，这个阶段是连续的，直到 30 min 内压力变化小于 0.7 kPa 为止。逐渐加压直至最终压力，以确定从一个大气压到大于储层压力范围内的吸附等温线。试验压力点数根据要求的最高压力确定，当最高压力小于或等于 8 MPa 时，压力点数一般为 6 个，每个压力点的吸附平衡时间一般大于 12 h，实验最高压力为 12 MPa，稳定压力为 10 MPa，压力点数也为 6 个。

2. 重量法

第一步，样品制备，将样品破碎并筛分至 60~80 目，质量不少于 3 g，转移到实验样品管中；第二步，调试天平，观察天平读数是否能迅速稳定，如在某一点或各点均出现剧烈波动则须对天平进行调试，直到所有读数能够迅速稳定为止；第三步，封闭样品管并检查气密性，封闭外罩拧紧后，通过电脑操作向其中充入一定压力氦气（一般为 0.5 MPa），然后关闭气阀，过十分钟后读取压力数值，如没有明显下降则证明封闭完好，但要考虑热胀冷缩对气体的影响，以免造成误判；第四步，安装加热装置，将最外层空心加热装置套在封闭的样品管周围，将隔热保温套固定到天平及加热装置周围，接通温度传感器与导线，准备开始实验；第五步，选择参考气体氦气，测试气体甲烷，并将实验样品进行抽真空预处理；第六步，浮力测试，当预处理样品质量变化不明显后（质量走平为准，也可根据后台数据测算，1 小时内质量变化±100 微克以内即视为质量不变），设置浮力测试实验条件；第七步，吸附测试，按照实验方案设置实验温度、压力及各实验点持续时间进行吸附实验；第八步，待实验完成后，将样品管内气压降至常压，按与装载时相反的步骤逐步拆卸样品管，取出样品并妥善保存。

3.3　实　验　成　果

影响煤吸附特征的因素很多，如来自外部环境压力的影响，煤体本身的煤化程度，宏观煤岩类型和显微组分、水分、孔隙度和孔隙结构、煤粒大小、煤体变形程度、煤的表面物理化学性质等多种内在因素的影响。这些因素相互影响、相互制约。下节将选择煤化程度、煤岩组分、水分含量、温度、压力 5 个方面进行论述，以求深入剖析低煤级储层的吸附特征。

3.3.1　数据处理

对测试结果需进行以下数据处理：

1. 平衡水分含量

平衡前、后煤样质量及煤样空气干燥基水分含量，平衡水分含量可由式（3-5）计算：

$$M_e = \left(1 - \frac{G_b - G_a}{G_b}\right) \times M_{ad} + \frac{G_b - G_a}{G_b} \times 100\% \qquad (3-5)$$

式中：M_e——样品的平衡水分含量，%；

　　　G_a——平衡前空气干燥基样品质量，g；

　　　G_b——平衡后样品质量，g；

　　　M_{ad}——样品的空气干燥基水分含量，%。

2. 相关系数推导

利用 Langmuir 方程的线性表达式：

$$\frac{p}{V} = \frac{1}{V_L} p + \frac{P_L}{V_L}$$ (3-6)

式中：p——实测压力点压力值，MPa；

    V——在气体压力为 p 时吸附气体的吸附量，m^3/t；

   V_L——Langmuir 体积，m^3/t；

   P_L——Langmuir 压力，MPa。

根据实验测得的各平衡压力点吸附量 V_i 和压力 P_i，求出压力及该压力对应的吸附量间的比值（P_i/V_i），绘出 P_i、P_i/V_i 之间的散点图，对这些点进行线性回归，利用最小二乘法可求出直线方程的斜率和截距，从而得出 Langmuir 参数。

3.3.2 成果分析

1. 褐煤和长焰煤吸附特征

利用体积法在 25℃条件下对内蒙古海拉尔、河北万全褐煤样（表 3-1），在 30℃条件下对新疆吐哈盆地和准噶尔盆地，辽宁铁法盆地褐煤和长焰煤样进行了等温吸附实验（表 3-2），结合收集的资料，对低煤级储层的吸附性进行了研究。

表 3-1 25℃等温吸附实验数据表

采样地点	样号	$R_{o,max}$ /%	M_e /%	Langmuir 常数		煤岩组分		
				$V_{L,daf}$ /（m^3/t）	$P_{L,daf}$ /MPa	V /%	I /%	E /%
海拉尔盆地	HLR-01	0.24	50.85	1.13	3.00	40.02	50.21	9.77
	HLR-02	0.26	48.62	2.14	1.13	30.82	58.84	10.34
	HLR-05	0.42	21.67	7.38	1.70	84.77	8.43	6.80
	HLR-06	0.42	29.12	3.20	0.58	82.53	14.06	3.41
	HLR-07	0.42	36.80	8.09	1.73	65.88	28.89	5.23
吐哈盆地	TH-08*	0.57	2.59	13.71	4.96	65.52	20.53	13.95
	TH-11*	0.65	4.74	5.61	1.22	6.34	87.51	6.14
万全煤田	WQ	0.41	32.03	7.25	2.67	43.55	52.42	4.03
伊犁盆地	YL-01*	0.45	11.46	13.62	8.79	65.73	26.41	7.86
	YL-02*	0.65	14.40	4.90	0.93	14.29	79.18	6.54
准噶尔盆地	ZGR-02*	0.40	7.70	7.34	8.11	72.54	16.80	10.66

注：*为收集的测试成果，分别摘自傅小康（2006）、苏现波等（2001）、陈鹏（2001）、谢勇强（2006）；V 代表镜质组或腐殖组；I 代表惰质组；E 代表壳质组或稳定组

表 3-2　30℃等温吸附实验数据表

采样地点	样号	$R_{o,max}$ /%	M_e /%	Langmuir 常数		煤岩组分		
				$V_{L,daf}$ /（m³/t）	$P_{L,daf}$ /MPa	V /%	I /%	E /%
珲春盆地	HC-01*	0.33	—	27.01	8.44	26.16	62.98	9.86
	HC-02*	0.40	—	22.75	5.32	72.61	16.72	10.67
黄陵	HL*	0.61	—	18.31	7.66	65.49	21.56	12.96
海拉尔盆地	HLR-08*	0.60	7.68	19.97	6.82	94.30	0.50	5.20
陕北	SB-01*	0.55	—	20.74	4.62	53.01	31.97	15.02
	SB-02*	0.65	—	30.98	19.33	55.11	26.62	18.27
铁法盆地	TF	0.64	8.87	13.93	4.91	94.65	4.60	0.75
	TH-01	0.50	8.79	9.72	1.35	69.78	26.17	3.32
	TH-02	0.53	11.85	8.96	1.07	75.00	18.48	5.83
	TH-03	0.54	6.78	8.20	0.68	87.01	2.89	10.89
	TH-04	0.54	10.14	11.67	2.01	90.52	1.81	8.15
吐哈盆地	TH-05	0.55	7.75	12.17	2.28	76.99	17.72	4.71
	TH-06	0.56	11.61	8.14	1.00	85.68	10.79	3.29
	TH-07	0.56	13.62	5.50	1.05	72.20	24.69	2.56
	TH-09	0.62	6.35	8.04	0.52	62.81	31.20	4.79
	TH-10	0.65	11.66	7.77	1.13	36.42	59.05	2.93
	ZGR-01	0.38	12.92	5.94	0.84	78.36	6.43	16.67
准噶尔盆地	ZGR-03	0.54	5.67	13.15	1.68	54.79	40.21	3.70
	ZGR-04	0.57	8.71	16.78	2.35	36.70	60.30	1.91
	ZGR-05	0.59	6.37	20.35	1.64	72.02	25.10	2.36

注：　*为收集的测试成果，分别摘自傅小康（2006）、苏现波等（2001）、陈鹏（2001）、谢勇强（2006）；
V 代表镜质组或腐殖组；I 代表惰质组；E 代表壳质组或稳定组

　　本书 Langmuir 体积和压力实验是在最高压力不超过 12 MPa、最高温度不超过 45℃下进行的，根据钟玲文等（2002）和 Krooss 等（2002）研究，Langmuir 单分子层吸附原理适应实验数据拟合，且拟合相关系数（r）均大于 0.99。

　　11 件煤样在温度 25℃条件下的吸附实验表明 Langmuir 体积（$V_{L,daf}$）介于 1.13~13.71 m³/t 之间，平均为 6.54 m³/t；Langmuir 压力（$P_{L,daf}$）介于 0.58~8.79 MPa 之间（表 3-1）。20 个煤样在温度 30℃条件下的吸附实验显示，Langmuir 体积（$V_{L,daf}$）介于 5.50~30.98 m³/t 之间，平均为 11.71 m³/t；Langmuir 压力（$P_{L,daf}$）介于 0.52~19.33 MPa 之间（表 3-2）。

　　一般来说，煤中大孔和中孔有利于煤层气的运移，而过渡孔和微孔主要存在于煤基质中（White et al.，2005），是煤层气的存储空间，特别是微孔，是煤层气主要的吸附空间（Levy et al.，1997；Crosdale et al.，1998；Clarkson et al.，1996，1999；Gareth et al.，2007；Hou et al.，2012； Liu et al.，2015）。煤级是影响孔径分布的重要因素，特别是能够显著影响微孔和超大孔的发育（Zhang et al.，2010）。以前的研究表明，煤的孔隙结构与煤级显示出"U"型的关系（Yu，1992），而微孔孔容与煤级之间也呈现了类似"U"型的关系，最小值出现在镜质组反射率（R_o）为 1.0%~1.1%的范围内（Bustin et al.，1998； Gürdal et al.，2001），最小值之前微孔孔容的缩减归因于煤中沥青充填了孔隙空间（Levine，1993）。因此，煤级对 CH_4 吸附有重要影响。

　　值得注意的是，在低煤级阶段，腐殖组/镜质组最大反射率（$R_{o,max}$）并不能很好地反映煤的吸附能力，不同 $R_{o,max}$ 值的 CH_4 吸附等温线出现了交叉叠置的现象。当 $R_{o,max}>0.50\%$ 时，低煤级煤对 CH_4 吸附等温线出现较多交叉叠置现象（图 3-4和图 3-5）。因此，存在 $R_{o,max}$ 值较低煤的吸附能力强于 $R_{o,max}$ 值较高的煤，即对低煤级煤而言，煤化程度不是吸附的主要因素，煤岩组分、孔径结构等因素对吸附性的影响较大。只有 $R_{o,max}$ 值相差较大的情况下，镜质组反射率较高煤的吸附能力才明显大于反射率较低的煤（图 3-4），$R_{o,max}$ 大于 0.40%以上煤的吸附曲线出现了明显高于 $R_{o,max}$ 为 0.26%和 0.24%的情况。

　　1）$V_{L,daf}$、$P_{L,daf}$ 与 $R_{o,max}$ 的关系

　　煤化程度直接影响煤的结构及化学组成，并制约煤的吸附能力。一般地，在同等条件下，随煤化程度的增高，煤层气的生成量和吸附量均增高。Yee（1993）认为：在一般情况下，煤的气体吸附能力随着煤级变化有两种趋势：①吸附能力

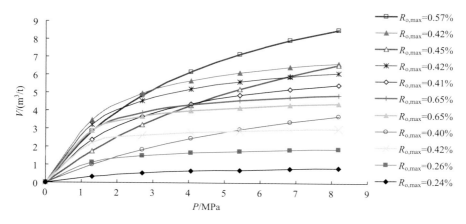

图 3-4　低煤级煤样的等温吸附曲线（25℃）（见文后彩图）

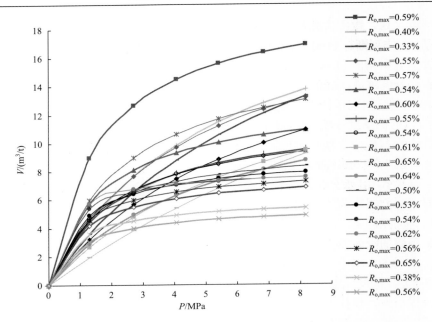

图 3-5　低煤级煤样的等温吸附曲线（30℃）（见文后彩图）

随煤级的增加而增大；② "U" 字型，即吸附量在高挥发分烟煤阶段附近存在一个极小值。钟玲文等（1990）研究发现镜质组含量大于 60% 的干燥煤样的吸附量与煤化程度的关系为：①镜质组反射率在 0.50%~1.20% 范围变化时，随着变质程度增高，吸附量减小；②镜质组反射率在 1.20%~4.00% 范围时，吸附量随变质程度增加而增加；③镜质组反射率超过 4.00%，随变质程度的增加，吸附量急剧变小，到很少吸附或基本不吸附。苏现波等（2001）的研究则认为镜质组反射率和朗氏体积的关系呈倒 "U" 字型，并具体细分为与四次煤化作用跃变相对应的 4 个阶段：阶段Ⅰ，在镜质组反射率在 0.60%~1.30% 范围内时，煤的朗氏体积随着变质程度的加深迅速增加，是整个演化过程中吸附能力变化速率最快的阶段；阶段Ⅱ，镜质体反射率在 1.30%~2.50% 范围内时，煤的朗氏体积随着变质程度的加深而增加，速率比阶段Ⅰ有所降低；阶段Ⅲ，在镜质组反射率达到 2.50%~4.00% 时，煤的朗氏体积达到最大值，变化速率最小；阶段Ⅳ，镜质组反射率超过 4.00% 时，朗氏体积随着变质程度的加深迅速下降。前期褐煤的等温吸附特征研究表明其与低、中、高煤化烟煤和无烟煤明显不同（傅雪海等，2001；李小彦等，2003）。

Gan 等（1972）的研究认为，在煤化作用早期（即 $R_{o,max} < 0.60\%$），煤中芳环层细小，原生孔隙发育，虽然大孔隙多，孔隙度高，煤的比表面积大，但含羧基和羟基等极性官能团多，能够吸附较多水分；当镜质体反射率为 0.60%~1.30% 时（第一与第二次煤化作用跃变之间），随碳含量的增加，煤中原生大孔隙（>30

nm）减少，次生微孔隙（<1.3 nm）增加（韩德馨，1996），煤的比表面积相应增加，分子排列渐趋规则，结构紧密，单位面积上碳原子的密度增大，极性官能团减少，吸附的水分大为降低，吸附甲烷气体分子的有效表面增加，亲甲烷能力显著提高，因此煤的吸附能力迅速增加。

25℃条件下平衡水等温吸附实验表明，Langmuir 体积（$V_{L,daf}$）与煤化程度呈正相关趋势，且相关性较好（相关系数为 0.91，图 3-6）。随煤化程度的加深，Langmuir 体积逐渐增大，但均未超过 14 m³/t。特别是软褐煤（即 $R_{o,max}$<0.40%），其 Langmuir 体积均未超过 6 m³/t，与美国粉河盆地同演化程度煤一致（图 3-7）。分析初步认为与其水分含量较大相关（实验所测最大值 M_e=50.85%）。低煤级储层分子排列不规则，结构松散，单位内表面上的碳原子密度小，且含氧官能团多，易吸附较多的水分，从而降低了其对气体的吸附势，使其单位内表面吸附气体的能力弱，Langmuir 体积总体偏低。

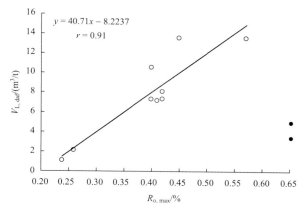

图 3-6　$V_{L,daf}$ 与 $R_{o,max}$ 的关系图（25℃）

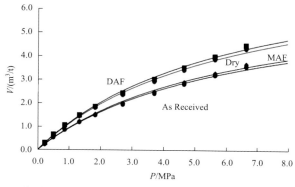

图 3-7　美国粉河盆地不同基准下煤的等温吸附曲线（据李贵中，2009）

As Received 为收到基，MAF 为恒湿无灰基，Dry 为干燥基，DAF 为干燥无灰基

30℃条件下平衡水等温吸附实验显示,低煤级煤样的 Langmuir 体积与煤化程度呈正相关趋势,但数据十分离散（图3-8）。分析认为低煤级煤的 Langmuir 体积与煤化程度的关系同中、高煤级煤与煤级的关系演化趋势基本一致,即随煤级的增高逐渐增大,但对低煤级煤而言,煤化程度对 Langmuir 体积的影响有所削弱,主要是煤岩组成对甲烷吸附的能力有所增强。

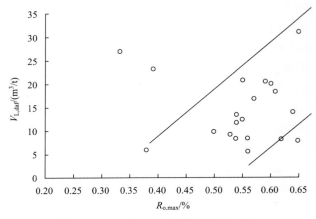

图 3-8　$V_{L,daf}$ 与 $R_{o,max}$ 的关系图（30℃）

低煤级煤的 Langmuir 压力与煤化程度的关系,前人研究中甚少提及。根据吸附实验（温度 25℃/30℃）认为,Langmuir 压力（$P_{L,daf}$）与煤化程度关系不明显,数据十分离散（图3-9）。

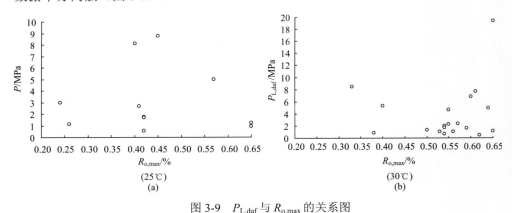

图 3-9　$P_{L,daf}$ 与 $R_{o,max}$ 的关系图

2）显微煤岩组分与 Langmuir 常数的关系

低煤级煤的显微组分与孔径结构和甲烷吸附密切相关。其中稳定组比较特殊,甲烷能以溶解态保存在富稳定组煤中,贫壳质组/稳定组的煤以微孔吸附为主

（Chalmers et al.，2007），测试结果表明，低煤级煤壳质组/稳定组含量较低，对甲烷保存能力有限。因此低煤级煤主要以微孔吸附为主。但前人对镜质组和惰质组影响甲烷吸附的研究结果存有差异。Unsworth 等（1989）研究发现低煤化烟煤中的惰质组比等量的镜质组有更多的大孔（直径 30 nm~10 μm）和更少的微孔（直径<2 nm），而且相同煤级下，富含镜质组的煤的吸附能力强于富含惰质组的煤。许多学者赞同镜质组中含有较多的微孔，并具有较强的甲烷吸附能力（Lamberson et al.，1993；Faiz et al.，1995；Clarkson et al.，1996，1999；Bustin et al.，1998；Crosdale et al.，1998；Laxminarayana et al.，2002）。但也有人认为惰质组也具有较强的吸附能力。一般来讲，小于 100 nm 的孔为吸附孔（Yao et al.，2008；Cai et al.，2013），低煤级煤的惰质组中不仅存在完整连续的孔隙系统，并在直径 10~30 nm 范围内存在更多小尺寸的孔隙（Duan et al.，2009），且低煤级煤多为开放孔和半开放孔（Liu et al.，2015），不难看出惰质组也具有较强的吸附性。此外，Chalmers 等（2007）研究认为惰质组具有较高的微孔隙率，在低煤级煤阶段，暗煤（富含惰质组）可比亮煤（富含镜质组）有更高的吸附量。Sesay 等（2011）发现褐煤（$R_{o,max}$ 介于 0.24%~0.50%之间）对甲烷吸附的 Langmuir 体积与镜质组含量呈现"三段式"变化，当镜质组含量低于 40%和高于 60%时，甲烷吸附能力随镜质组含量增加而减少，而当镜质组含量在 40%~60%之间时，甲烷吸附能力与镜质组含量呈正相关关系。也许这种多段吸附规律正是低煤级煤中显微组分对甲烷吸附影响的综合体现。

25℃条件下平衡水等温吸附实验表明：Langmuir 体积（$V_{L,daf}$）随腐殖组/镜质组含量的增加呈现为先减少、后增加、再减少的波动，且其拐点分别出现在镜质组含量为 40%和 60%附近（图 3-10）。Langmuir 体积随惰质组含量的增加呈现先减少、后增加的趋势，且相关性更为离散，说明惰质组与煤吸附量的关系更为复杂（图 3-11）。

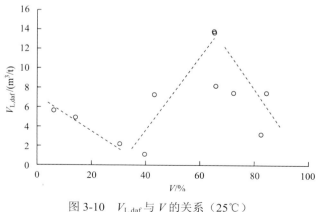

图 3-10　$V_{L,daf}$ 与 V 的关系（25℃）

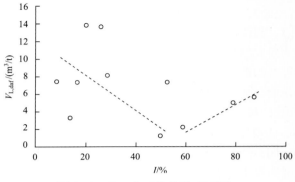

图 3-11　$V_{L,daf}$ 与 I 的关系（25℃）

　　30℃条件下平衡水等温吸附实验分析结果表明，Langmuir 体积随腐殖组/镜质组含量的增加呈现出减少的趋势（图 3-12），随惰质组含量的增加呈现出增加的趋势（图 3-13）。以上关系说明惰质组的吸附能力大于腐殖组/镜质组，这一结论与巴卡耶娜（1980）研究的结果相一致，即惰质组的相对吸附性与煤级有关，在长焰煤—肥煤阶段，惰质组吸附量高于镜质组（傅雪海等，2007）。惰质组中不同显微组分之间 Langmuir 体积的差异是造成显微煤岩组分与 Langmuir 体积之间离散性较大的主要原因，也可能与镜质组和惰质组中显微煤岩亚组分内表面的物理化学活性差异有关。

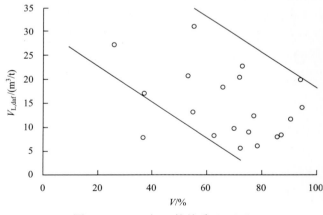

图 3-12　$V_{L,daf}$ 与 V 的关系（30℃）

　　此外，稳定组/壳质组对 Langmuir 常数也有一定的影响，准噶尔、铁法盆地煤中稳定组/壳质组含量普遍小于 5%，而吐哈盆地则达到 10% 左右，含较多的沥青质体和壳屑体。沥青质体充填了部分煤内孔隙，从而减少了煤吸附甲烷的有效面积，使煤的吸附能力下降。

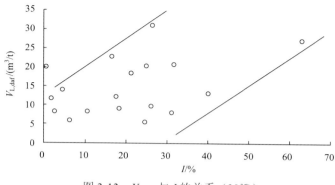

图 3-13 $V_{L,daf}$ 与 I 的关系（30℃）

平衡水条件下低煤级煤的等温吸附特性与中、高煤级煤存在一定的差异，主要表现在受煤化程度的影响减弱，而受煤岩组分的影响增强，平衡水 30℃条件下煤的 Langmuir 体积随镜质组含量的增加呈现出减少的趋势，随惰质组含量的增加呈现出增大的趋势。惰质组中未充填的丝质体、半丝质体含量高，这些组分是煤岩中孔隙的主要贡献者，有利于吸附；稳定组/壳质组含量高，则不利于吸附；镜质组则介于二者之间。

3）$R_{o,max}$、$V_{L,daf}$ 与 M_e 的关系

平衡水（M_e）包括大孔、中孔中的自由水，过渡孔（10 nm$<d<$100 nm）、微孔（$d<$10 nm）中的毛细水及强结合、弱结合束缚水。平衡水分含量随煤化程度的增加先降低后又有所增加（张群等，1999；苏现波等，2001）。本书研究的低煤级煤样中，平衡水分含量介于 2.59%~50.85%之间，平均为 14.78%，普遍高于中、高煤级煤，且随煤化程度的增加呈现出负相关趋势（图 3-14）。

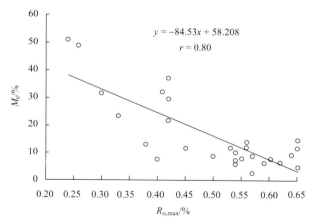

图 3-14 M_e 与 $R_{o,max}$ 的关系

　　低煤级煤的 Langmuir 体积（$V_{L,daf}$）随平衡水分含量增加亦呈现减少的趋势，与前人研究基本一致（图 3-15 和图 3-16），但数据均较为离散。初步分析认为，低煤级煤大孔隙较多，孔隙度高，比表面积大，且含羧基和羟基等极性官能团多，能吸附较多的水分。煤吸附水后，一方面减少了吸附甲烷的有效面积，另一方面阻塞了甲烷分子进入微孔隙的通道。因此，在低煤级煤中，在煤化程度的总体控制下，除了煤岩组成、水分含量的影响外，其吸附特征还存在着其他控制因素。

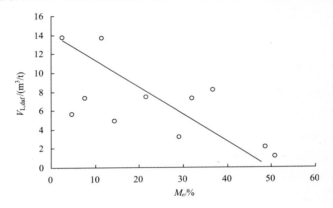

图 3-15　$V_{L,daf}$ 与 M_e 的关系（25℃）

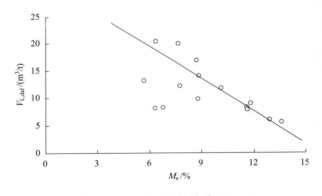

图 3-16　$V_{L,daf}$ 与 M_e 的关系（30℃）

　　4）温度与 Langmuir 体积的关系

　　煤吸附/解吸甲烷是一个放热/吸热过程，煤的吸附能力随着温度的增加而减少，即在相同压力下吸附气体的量变少。煤的吸附气含量随温度升高而降低，随压力增大而增大。根据 $R_{o,max}$=0.86% 的煤样所得到的实验成果，从 30℃到 40℃，温度每升高 1℃，吸附量减少 0.15 cm^3/g，从 40℃到 50℃，温度每升高 1℃，煤样吸附量减少 0.10 cm^3/g（宋全友，2004），并与煤科院重庆分院得出的"温度

（30~40℃）每升高1℃，干燥煤样吸附量减少0.1~0.3 cm³/g"，叶建平等（1998）对平顶山二₁煤得出的"从30℃开始，温度每升高1℃，煤吸附量减少0.2 cm³/g，Killingley等（1995）测定在5 MPa时，温度每升高1℃，平衡水煤样甲烷吸附量下降0.12 cm³/g的结论基本一致。

对傅小康（2006）四组褐煤的25℃、35℃、45℃等温吸附数据的进一步分析认为，褐煤的吸附量总体上随温度的增加而减少（图3-17），温度区间不同和煤样不同，减少的程度有所差异：从25℃到35℃，温度每升高1℃，吸附量减少0.002~0.068 cm³/g，平均减少0.040 cm³/g；从35℃到45℃，温度每升高1℃，煤样吸附量减少0.007~0.060 cm³/g，平均减少0.048 cm³/g（表3-3）。说明低煤级煤吸附态含量受温度的影响程度较中、高煤级的弱。此外，温度一定的条件下，褐煤吸附量衰减速率与压力呈对数关系（图3-18）。

表3-3 不同温度条件下褐煤的等温吸附实验成果（据傅小康，2006）

$R_{o,max}$ /%	M_c /%	25℃		35℃		45℃	
		$V_{L,daf}$ /（m³/t）	P_L /MPa	$V_{L,daf}$ /（m³/t）	P_L /MPa	$V_{L,daf}$ /（m³/t）	P_L /MPa
0.30	31.43	6.72	0.14	5.60	0.22	5.49	0.19
0.33	23.17	4.08	0.14	4.11	0.31	4.50	0.54
0.40	7.70	7.34	8.11	7.14	9.83	6.44	11.15
0.45	11.46	13.62	8.79	12.76	10.72	11.62	11.21

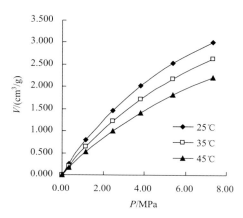

图3-17 新疆乌苏矿褐煤样品温度与Langmuir体积关系图（据傅小康，2006）

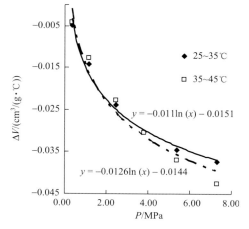

图3-18 褐煤吸附量衰减速率与温度、压力关系图

2. 气煤吸附特征

针对新疆阜康矿区气煤一号井八道湾组 45#煤层上部、中部、下部的三个煤样（QM-01、QM-02、QM-03）及大黄山 42#煤层的一个煤样（DHS-02）分别进行平衡水条件下的等温吸附实验，并对其煤质特征与平衡水含量进行了测定。阜康矿区所采煤样煤化程度较低，水分含量及灰分产率较低，挥发分产率较高，平衡水含量（M_e）介于 1.17%~2.56%之间（表 3-4）。

表 3-4　阜康矿区煤样基本参数

煤样	$R_{o,max}$ /%	煤质分析/%				M_e/%	样品重量/g
		M_{ad}	FC_d	A_{ad}	V_{daf}		
QM-01	0.64	1.50	62.10	3.68	34.51	2.24	95.00
QM-02	0.58	1.49	50.17	5.09	46.30	2.56	109.23
QM-03	0.45	1.51	48.96	5.73	47.23	2.54	104.24
DHS-02	0.68	0.93	78.56	10.03	41.64	1.17	25

气煤一号井的三个煤样（QM-01、QM-02、QM-03）采用体积法进行平衡水等温吸附实验，设计温度为30℃，精度为0.1℃；设置12个压力点，最高压力为12 MPa，精度为 0.1psi。大黄山煤矿 42#煤层煤样（DHS-02）是采用重量法进行空气干燥基的等温吸附实验，设计 4 个温度点，分别为30℃、50℃、70℃、90℃；设置 14 个压力点，最高压力为 28 MPa，反映其温、压条件对煤吸附 CH_4 的影响。两个实验每个压力点的吸附平衡时间均大于 12 h，吸附质均为甲烷气体，纯度99.99%。

表 3-5 反映了阜康矿区气煤一号井 3 组煤样在室温 30℃时，不同压力下，平衡水煤样达到吸附/解吸动态平衡后 CH_4 的吸附体积。3 个煤样对于 CH_4 的吸附量均是随着设定压力的增加而逐渐增大；在设定压力 11 MPa 时吸附量最大，三个煤样空气干燥基时对 CH_4 吸附体积变化于 9.8~13.6 m^3/t，其中煤样 QM-02 吸附量最大；干燥无灰基煤样对 CH_4 的吸附体积变化于 12.65~13.73 m^3/t，其中 QM-02 吸附量稍大，说明水分和灰分对煤样吸附气体有一定的影响。

图 3-19 是煤样 QM-01、QM-02、QM-03 在空气干燥基和干燥无灰基状态下的等温吸附曲线，表明温度为30℃时，煤对 CH_4 吸附量随着压力的增大而增加，而不同压力区间的增加幅度不尽相同。0~5 MPa 时 CH_4 吸附量随着压力增大快速增加，每升高 1 MPa 压力，三个煤样的吸附量平均增加 2.07 m^3/t、2.31 m^3/t、1.64 m^3/t，5 MPa 后吸附量随着压力增大趋平缓增加，每升高 1 MPa 压力，三个煤样的吸附量平均增加 0.22 m^3/t、0.28 m^3/t、0.26 m^3/t（表 3-6），直至一定压力下达到 CH_4

表 3-5　气煤一号井煤样平衡水条件下各压力点 CH_4 吸附数据

煤样	记录编号	压力 P/MPa	空气干燥基		干燥无灰基	
			$V/(m^3/t)$	P/V	$V/(m^3/t)$	P/V
QM-01	0	0.00	0.0	0.000	0.000	0.000
	1	0.44	2.4	0.184	2.551	0.173
	2	0.70	4.1	0.172	4.358	0.161
	3	1.24	5.9	0.209	6.271	0.197
	4	1.90	7.0	0.272	7.440	0.256
	5	2.68	8.3	0.323	8.822	0.304
	6	3.78	9.5	0.398	10.098	0.374
	7	5.07	10.5	0.483	11.161	0.454
	8	6.40	10.9	0.587	11.586	0.553
	9	8.04	11.5	0.699	12.224	0.658
	10	9.80	11.7	0.838	12.436	0.788
	11	11.37	11.9	0.956	12.649	0.899
QM-02	0	0.00	0.0	0.000	0.000	0.000
	1	0.46	2.6	0.178	2.815	0.164
	2	0.73	4.7	0.156	5.089	0.144
	3	1.26	6.9	0.182	7.472	0.168
	4	1.93	8.1	0.238	8.771	0.219
	5	2.68	9.4	0.286	10.179	0.064
	6	3.81	10.8	0.353	11.695	0.326
	7	5.10	11.8	0.432	12.777	0.399
	8	6.47	12.5	0.518	13.535	0.478
	9	8.11	13.1	0.619	14.185	0.572
	10	10.13	13.4	0.756	14.510	0.698
	11	11.64	13.6	0.856	14.727	0.790
QM-03	0	0.00	0.0	0.000	0.000	0.000
	1	0.42	1.8	0.234	1.962	0.214
	2	0.68	3.1	0.218	3.379	0.200
	3	1.16	4.4	0.236	4.797	0.242
	4	1.82	5.8	0.314	6.323	0.288
	5	2.59	6.9	0.375	7.522	0.344
	6	3.27	7.8	0.477	8.503	0.437
	7	5.00	8.2	0.610	8.939	0.560
	8	6.31	9.0	0.701	9.811	0.643
	9	7.96	9.2	0.866	10.029	0.794
	10	9.76	9.4	1.039	10.247	0.953
	11	11.21	9.8	1.144	10.684	1.050

最大吸附量。三个煤样的吸附能力基本接近，QM-02 吸附能力稍强。根据实验步骤中涉及的方程，结合实际实验数据计算出 3 个煤样的 Langmuir 体积 V_L 与 Langmuir 压力 P_L（表 3-7）。

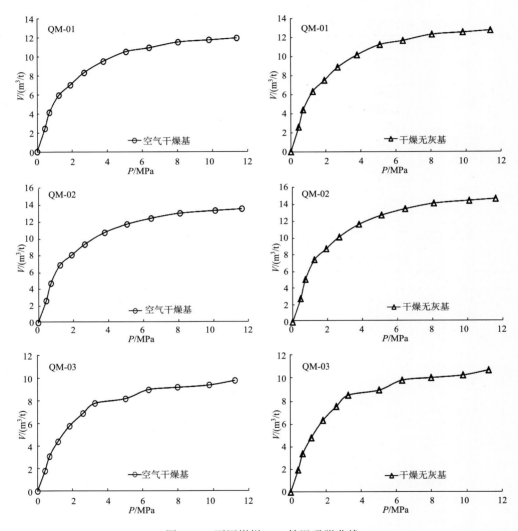

图 3-19　不同煤样 CH₄ 等温吸附曲线

除本次实验所得数据，还收集了阜康矿区气煤一号井、西沟二号井、磨盘沟煤矿、大黄山七号井、新世纪煤矿干燥无灰基条件下的吸附数据。阜康矿区煤吸附 CH₄ 的 Langmuir 体积最大为 28.44 m³/t，最小为 11.38 m³/t，平均为 21.58 m³/t，

Langmuir 压力最大为 3.03 MPa，最小为 0.85 MPa，平均为 1.57 MPa（表 3-7）。大黄山煤矿的实验数据表明 Langmuir 体积随温度升高而减小，Langmuir 压力随温度升高而增大（表 3-7）。

表 3-6　煤样不同温度、压力区间下的吸附量增量（空气干燥基）

样品	压力/MPa	温度/℃			
		30	50	70	90
		吸附量变化量/[m³/(t·MPa)]			
QM-01	0~5	2.07	—	—	—
	5~12	0.22	—	—	—
QM-02	0~5	2.31	—	—	—
	5~12	0.28	—	—	—
QM-03	0~5	1.64	—	—	—
	5~12	0.26	—	—	—
DHS-02	0~5	2.17	1.83	1.51	1.24
	5~17	0.2	0.21	0.22	0.25
	17~28	0.003	0.01	0.02	0.02

表 3-7　阜康矿区煤样对 CH_4 的吸附参数（干燥无灰基）

煤矿名称	样品	V_L/（m³/t）	P_L/MPa
	QM-01	13.92	1.80
	QM-02	15.96	1.88
	QM-03	11.38	1.86
气煤一号井	45# （+632m）*	23.00	1.20
	44# （+668m）*	22.60	0.85
	42# （+703m）*	22.42	1.01
	八尺槽*	19.21	1.23
西沟二号井	42#*	19.93	1.22
	44# （+650m）*	25.63	3.03
磨盘沟煤矿	14-15（+650m）*	21.57	1.08
	44#*	27.71	1.52
大黄山七号井	43#*	26.34	1.45
	42#*	25.06	2.08
	41#*	28.44	1.82
新世纪煤矿	45-1*	22.07	1.64
	DHS-02	温度/℃	V_L/（m³/t）	P_L/MPa
		30	17.15	1.46
大黄山煤矿		50	15.36	1.98
		70	13.91	2.99
		90	13.09	4.76

注：*为收集的测试成果

　　表 3-8 反映了大黄山煤矿 DHS-02 煤样利用重量测得在不同温度、压力和空气干燥基条件下达到吸附、解吸动态平衡后 CH_4 的吸附量。在 4 个温度点，CH_4 的吸附量均随设定压力的增加而逐渐增大（图 3-20），并达到吸附/解吸平衡；同等压力下，CH_4 的吸附量随温度的升高而逐渐减小（图 3-20），30℃时的饱和吸附量最大，为 16.11 m^3/t，90℃时的吸附量最小，为 10.80 m^3/t（表 3-8）。

表 3-8　大黄山煤矿煤样（DHS-02）各压力点 CH_4 吸附数据（空气干燥基）

编号	压力/MPa	30℃		50℃		70℃		90℃	
		V/(m^3/t)	P/V	V/(m^3/t)	P/V	V/(m^3/t)	P/V	V/(m^3/t)	P/V
1	0.491	4.6142	0.1064	2.9901	0.1652	1.6836	0.2958	0.7840	0.6288
2	0.991	6.4674	0.1532	4.7652	0.2080	3.1338	0.3165	2.2065	0.4487
3	1.991	9.0323	0.2204	7.2059	0.2764	5.3002	0.3758	3.9663	0.5021
4	2.980	10.8650	0.2743	8.8457	0.3369	7.0027	0.4254	5.1684	0.5768
5	3.980	12.1880	0.3266	10.0570	0.3958	8.0087	0.4971	6.2146	0.6408
6	6.458	14.0140	0.4608	11.8480	0.5455	9.7237	0.6646	7.9804	0.8097
7	7.958	14.7670	0.5389	12.5580	0.6339	10.4460	0.7622	8.7338	0.9114
8	10.960	15.6010	0.7024	13.4350	0.8172	11.3240	0.9696	9.6793	1.1338
9	13.960	15.9600	0.8745	13.8540	1.0099	11.8330	1.1821	10.2540	1.3634
10	16.970	16.0850	1.0549	14.0070	1.2137	12.0800	1.4069	10.5970	1.6028
11	20.000	16.1080	1.2416	14.1210	1.4164	12.2210	1.6363	10.7660	1.8570
12	23.000	16.0940	1.4290	14.1230	1.6284	12.2720	1.8739	10.9290	2.1043
13	26.000	16.0910	1.6156	14.1360	1.8393	12.3010	2.1134	10.7110	2.4258
14	27.980	16.1130	1.7365	14.1140	1.9838	12.3340	2.2699	10.8040	2.5880

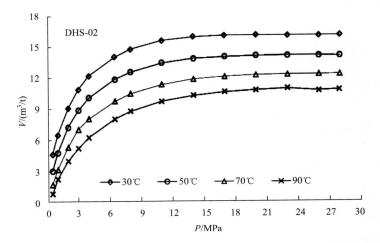

图 3-20　阜康矿区大黄山气煤样（空气干燥基）不同温度条件下 CH_4 的等温吸附曲线

图 3-20 反映煤样 DHS-02 在空气干燥基状态下得到的 30℃、50℃、70℃、90℃ 时的等温吸附曲线。4 个温度点下煤样的吸附量均随压力的增大而增加，整个压力区间下，煤样的吸附量随温度的升高而减少，每一个温度点下的吸附量在不同压力区间的增加幅度也不尽相同；在低压区间（0~5 MPa），CH_4 吸附量随着压力增大趋于线性增加；在中压区间（5~17 MPa），吸附量随着压力增大趋平缓增加；在高压区间（17~28 MPa），吸附量几乎不再增加，处于平衡状态。不同温度下 3 个压力区间平均每升高 1 MPa 的吸附量增量不同（表 3-9）。

表 3-9　不同温度每升高 1MPa 的吸附量增量（m^3/t）

起点压力 /MPa	增后压力 /MPa	30℃ V_L=17.14 m^3/t P_L=1.45 MPa	50℃ V_L=15.33 m^3/t P_L=1.97 MPa	70℃ V_L=13.87 m^3/t P_L=2.96 MPa	90℃ V_L=12.62 m^3/t P_L=3.92 MPa
0.491	1.491	4.0664	3.6217	2.9595	2.6947
0.991	1.991	3.4413	2.9482	2.4405	2.0457
1.991	2.991	2.5036	2.0441	1.6674	1.4970
2.980	3.980	1.6910	1.4156	0.9481	1.1911
3.980	4.980	1.0806	0.9340	0.6873	0.8485
6.458	7.458	0.3312	0.2839	0.2026	0.2932
7.958	8.958	0.0193	0.0130	0.0234	0.0461
10.960	11.960	0.3177	0.2692	0.2079	0.1734
13.960	14.960	0.3374	0.3046	0.2559	0.2532
16.970	17.970	0.4272	0.3888	0.2732	0.2560

结合本课题组多年对气煤的等温吸附的测试成果（表 3-10），对气煤的吸附特征进行了分析。气煤的平衡水分随着 $R_{o,max}$ 的逐渐增大（煤化程度的加深）总体呈现减小的趋势（图 3-21），并且 Langmuir 体积随着平衡水分的增大而逐渐地减小（图 3-22）。随着 $R_{o,max}$ 的逐渐增大，Langmuir 体积总体变化不大，有微弱的增大趋势；而 Langmuir 压力表现出总体减小的趋势（图 3-23）。

表 3-10　30℃等温吸附实验数据表

采样地点	$R_{o,max}$/%	温度/°C	M_e/%	$V_{L,daf}$/(m^3/t)	$P_{L,daf}$/MPa
李家村矿	0.89	30	2.11	10.98	1.54
李嘴孜矿	0.73	30	4.11	10.51	0.94
祁南矿	0.78	30	3.10	11.83	1.04
芦岭矿	0.74	30	3.72	15.90	1.79

续表

采样地点	$R_{o,max}$/%	温度/℃	M_e/%	$V_{L,daf}$/(m³/t)	$P_{L,daf}$/MPa
联合厂矿	0.82	30	11.41	5.80	1.22
西山矿	0.71	30	12.94	7.34	1.68
六道湾矿	0.69	30	3.59	17.32	1.69
西沟矿 2	0.83	30	2.05	19.22	1.40
北泉矿 1	0.76	30	7.45	11.38	1.48
北泉矿 2	0.76	30	10.59	8.62	1.55
露天矿	0.65	30	11.66	7.77	1.13
山东淄博坊子矿	0.88	30	2.81	10.25	0.61
山东孤南	0.86	30	2.85	11.15	0.50
平顶山四矿	0.81	30	1.28	25.70	4.48
平顶山十一矿	0.85	30	1.03	15.20	1.34
安徽芦岭矿-4	0.83	30	3.58	15.90	2.57
安徽芦岭矿-5	0.74	30	3.72	15.90	1.79
潘一 CH10	0.85	30	—	14.88	2.76
潘三矿	0.75	30	2.33	17.54	3.76
新集 CH11	0.73	30	—	10.80	3.10
新集 CH12	0.67	30	—	11.26	2.76

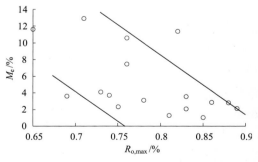

图 3-21　M_e 与 $R_{o,max}$ 的关系图

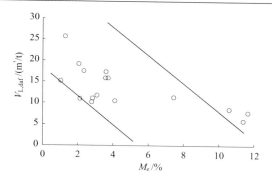

图 3-22　M_e 与 $V_{L,daf}$ 的关系图

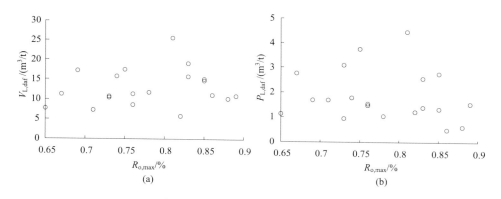

图 3-23　$V_{L,daf}$、$P_{L,daf}$ 与 $R_{o,max}$ 的关系图

3.4　影　响　因　素

影响煤体吸附的自身组成因素主要有有机显微组分、煤级、孔隙结构、矿物质和水分等五方面，外界影响因素主要有温度和压力两方面。

煤的孔隙结构是研究煤层气赋存状态，气、水介质与煤基质块间物理化学作用的基础，具有较高的非均质性，孔径范围可以从几个纳米到超出一微米（Pillalamarry et al.，2011）。煤中大孔和中孔有利于煤层气的运移，而过渡孔和微孔主要存在于煤基质块中（White et al.，2005），是煤层气的存储空间，特别是微孔是煤层气主要的吸附空间。煤级是影响孔径分布的重要因素，尤其是显著影响微孔和超大孔的发育（Zhang et al.，2010）。以前的研究表明，煤的孔隙结构与煤级显示出"U"型的关系（Yu，1992），而微孔孔容与煤级之间也呈现了类似"U"型的关系，最小值出现在镜质组反射率（R_o）为 1.0%~1.1% 的范围内（Bustin et al.，1998；Gürdal et al.，2001），最小值之前微孔孔容的缩减归因于煤中沥青充填了孔隙空间（Levine，1993）。

　　许多学者认为煤级对煤的吸附性影响较大，但低煤级阶段比较特殊，显微组分组成可能掩盖了煤级对甲烷吸附的影响，不同显微组分的化学活性和显微组分中的孔隙结构与分布会直接影响到对甲烷的吸附能力。在低煤级阶段煤化程度、显微组分对煤的吸附性能均有重要的影响。

　　除此之外，以前的研究表明煤中矿物质（或灰分）和水分含量的增多将会降低煤的吸附能力（Clarkson et al.，1996；Levy et al.，1997；Laxminarayana et al.，2002；Chalmers et al.，2007）。然而最新的研究发现，甲烷能以物理吸附的方式附着在黏土矿物表面，尤其是蒙脱石中富含纳米级的中孔和微孔之中，具有一定的吸附能力（Li et al.，2015）。

　　温度和压力对煤吸附甲烷的能力有重要的影响，这一点经过很多的甲烷吸附等温实验已经得到证实。毋庸置疑，一般情况下，在压力一定的情况下，随着温度的升高，煤对甲烷的吸附能力逐渐地降低，温度一定的情况下，随着压力的增大，煤对甲烷吸附量逐渐增大，但这些是实验室条件下所得到的结果，实际情况可能会有所不同。在实际中，随着埋深的增加，温度和压力是一起在增加的，钟玲文等（2002）通过相关的实验得出，当朗氏压力在 4 MPa 以上，随着温度和压力的增高，煤的吸附量有增大的趋势；当 2.5 MPa <朗氏压力< 4 MPa 时，温度和压力分别大于 60℃ 和 15 MPa 时，随着温度和压力的增加，煤的吸附量将不断减少。

3.5　本章小结

　　（1）低煤化储层等温吸附曲线形态与中（$0.65\% < R_{o,max} < 2.00\%$）、高煤级（$R_{o,max} > 2.00\%$）煤几乎一致，符合 Langmuir 方程形式，即低压时吸附量随压力增大呈线性增长，压力再增加吸附量增速逐渐变缓直至吸附量趋于一定值。

　　（2）低煤化储层的 Langmuir 体积（$V_{L,daf}$）与煤化程度呈正相关趋势。随煤化程度的加深，Langmuir 体积逐渐增大，但均未超过 14 m^3/t。特别是软褐煤（$R_{o,max} < 0.40\%$），其 Langmuir 体积均未超过 6 m^3/t，与美国粉河盆地同演化程度煤一致。

　　（3）平衡水条件下低煤级煤样的等温吸附特性与中、高煤级煤存在一定的差异，主要表现在受煤化程度的影响减弱，而受煤岩组分、水分含量的影响增强。Langmuir 体积随腐殖组/镜质组含量的增加呈现出减少的趋势，随惰质组含量的增加呈现出增大的趋势。其惰质组中由于未充填的丝质体、半丝质体含量高，成为煤岩中孔隙的主要贡献者，有利于吸附；稳定组/壳质组含量高，则不利于吸附；腐殖组/镜质组则介于二者之间。

（4）本次研究的低煤级煤样中，平衡水分含量介于 2.59%~50.85%之间，普遍高于中、高煤级煤，且随煤化程度的增加呈现出减少的趋势。低煤级储层的 Langmuir 体积（$V_{L,daf}$）随平衡水分含量增加亦呈现减少的趋势，但数据均较为离散。

（5）褐煤的吸附量总体上随温度的增加而减少：从 25℃到 35℃，温度每升高 1℃，吸附量减少 0.002~0.068 cm³/g，平均减少 0.040 cm³/g；从 35℃到 45℃，温度每升高 1℃，煤样吸附量减少 0.007~0.060 cm³/g，平均减少 0.048 cm³/g。说明低煤级储层吸附态含量受温度的影响程度较中、高煤级的弱。此外，温度一定的条件下，褐煤吸附量衰减速率与压力呈对数关系。气煤 Langmuir 体积随着 $R_{o,max}$ 的逐渐增大总体变化不大，有微弱的增大趋势；而 Langmuir 压力表现出总体减小的趋势。

低煤级储层吸附特征总体上受煤化程度的控制，但受煤岩组成、水分含量的影响较强，而受温度的影响较弱。

4　水溶态甲烷含量物理模拟研究

煤储层中的水溶气是指以溶解形式赋存于煤储层孔-裂隙水中的以甲烷为主要成分的气体（傅雪海等，2007）。一般情况下，低煤级煤储层孔-裂隙中是充满水的，特别是在埋藏深度浅于 1000 m 的范围内，煤中孔-裂隙中通常是含水的。虽然常温、常压下煤层气在地层水中的摩尔分数溶解度很低，但在储层温度、压力条件下，煤层气在储层水中的摩尔分数溶解度较大，低煤级储层中水溶态 CH_4 占较大比例。目前，水溶气主要用亨利定律来描述（苏现波等，1999）：

$$P_b = K_c C_B \tag{4-1}$$

式中：P_b——溶质在液体上方的蒸气平衡压力，Pa；

C_B——气体在水中的摩尔分数溶解度，mol/m^3；

K_c——亨利常数。

水溶甲烷的实验表明：①甲烷在含矿化度的煤层水中的摩尔分数溶解度大于去离子水中的摩尔分数溶解度，压力越高越明显；②相同煤层水样的甲烷摩尔分数溶解度随压力增加而增大；③当温度低于 80℃时，甲烷摩尔分数溶解度随温度的升高而降低；④甲烷摩尔分数溶解度随矿化度的增加呈指数形式降低（傅雪海等，2004；刘朝露等，2004）。武晓春等（2003）研究认为，水溶气在地下的富集主要受温度、压力、水矿化度和储层水容量等因素的控制。储水量越大、水介质温压越高，地下可能储集的水溶气资源量越大；在水量和水介质温度、压力条件相同的情况下，水的矿化度越低、水溶气饱和度越高，水的储气量就越大。王锦山等（2006）研究显示，影响煤层气摩尔分数溶解量的因素主要有水分含量、溶剂性质（主要体现为矿化度大小）、气体组分、储层压力、温度等。一般地，煤层水中烃类气体摩尔分数溶解度是其所处温度、压力和矿化度的函数。

傅雪海等（2004）用煤层水进行过甲烷摩尔分数溶解度实验：发现煤层水中的有机质随压力增加对甲烷具有较强的吸附作用（称之为视溶解度）。因此，煤储层水溶气还应包括有机质微粒的吸附气。傅雪海等（2004）还根据对沁水盆地煤层水样的溶解度实验成果，结合煤级差异，利用平衡水等温吸附曲线推算过不同埋深（温、压条件）下的有机质微粒的吸附气。

4.1 实 验 方 法

本书选择温度、压力、煤储层水地球化学特征（矿化度、pH、密度、水中气体组分）等影响因素对低煤化储层水的甲烷溶解特征进行了物理模拟研究。

4.1.1 实验装置

本次采用平衡液相取样法来测定气体的溶解度。实验装置主要由高压平衡釜、恒温油浴、电动比例泵、温度压力测量仪及取样系统等组成（图4-1）。高压平衡釜体积为400 mL，最大工作温度为150℃，最大工作压力为80 MPa。高压平衡釜通过电动机带动侧壁摇杆进行搅拌，釜内有两个刚性小球以加速气液平衡过程。恒温油浴由美国 RUSKA 公司生产，能自动调节并恒定油浴温度。系统压力由高精度 Heise 压力表测量（±0.25%），并由 RUSKA 公司压力仪校正。

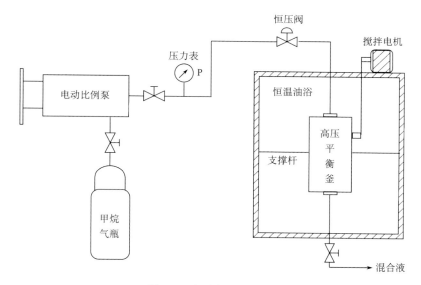

图 4-1 实验装置示意图

从平衡釜出来的高压液体在锥形瓶 1 中闪蒸（图 4-2），闪蒸出的气体将锥形瓶 2 中的部分蒸馏水压至锥形瓶 3 中。液体收集完后，对锥形瓶 1 和 3 称重（所用天平精度为±0.0001 g），利用差重法可知锥形瓶 1 内闪蒸液和锥形瓶 3 中收集液的重量并可计算出体积，则溶解在闪蒸液中的 CH_4 体积为收集液体积和闪蒸液体积之差，由此可计算出 CH_4 在水样中的溶解度。气体压缩因子采用

Patel-Teja 状态方程计算,水样密度通过奥地利 Anton Paar 密度计(型号:DMA48)测定。

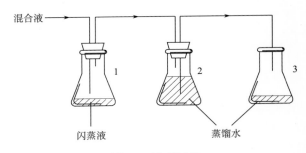

混合液

闪蒸液　　　　　　　　　　蒸馏水

图 4-2　取样系统

王璐琨（2002）利用该装置测定了甲烷在不同温、压下纯水中或模拟矿化度水中（NaHCO$_3$溶液）的溶解度，并与 O'Sullivan 等（1970）的数据进行比较，结果表明实验数据与文献资料吻合较好。

4.1.2　实验试剂

测试水样采自内蒙古海拉尔盆地褐煤储层及其顶底板（简称煤储层水）。实验所用试剂主要有甲烷气、蒸馏水及石油醚（表 4-1）。

表 4-1　实验所用试剂

试剂名称	纯度或其他	来源
甲烷	99.99%　(*V/V*)	北京氦普北分气体工业有限公司
蒸馏水	电导率<10^{-4} S/m	中国石油大学（北京）基础教研室
石油醚	60~90℃　(沸程)	北京现代东方精细化学用品有限公司

4.1.3　实验步骤

实验过程按以下步骤进行：

（1）用石油醚清洗整个实验系统（图 4-2），洗净后用热空气吹扫以除去残存的石油醚。

（2）对实验系统抽真空，将水样由底阀吸满高压平衡釜，搅拌润洗平衡釜 30 分钟左右，停止搅拌后加压放掉该液体以排除上次实验残留的液体对本次实验的影响。

（3）对实验系统再抽真空，然后将实验水样吸入高压平衡釜 300 mL 左右，倒转平衡釜后抽真空以除去溶解在水样中的空气。

（4）重新倒置平衡釜，甲烷气从顶阀进入平衡釜，达到实验压力后打开恒温油浴，设定好实验温度，打开搅拌电机加快平衡过程。

（5）在平衡过程中，系统压力始终通过恒压阀恒定。系统稳定后，温度和压力继续恒定 3 小时以上以确保达到气液平衡。

（6）气液平衡后，停止搅拌，静置高压平衡釜 2 小时以上，以确保气液完全分离。

（7）将大约 100 mL 液体恒压缓慢排入取样系统，并在完毕后记录室温。将锥形瓶 1 和 3 称重（图4-2）。在收集液体时保持锥形瓶 3 中的滴液管与锥形瓶 2 中的液面在同一水平面，这样两瓶之间无压力差，所得数据更准确。

（8）改变实验条件，重复步骤（2）～（7）可获得不同条件下的溶解度数据。

4.1.4　实验参数设置

海拉尔盆地恒温带深度约为 40 m 左右，恒温带温度约为 15℃，按正常地温梯度 2.0℃/100 m 计算，压力取静水压力梯度 0.98 MPa/100 m，同时考虑到实验装置的工作能力，本次实验设计的四组温度点和压力点分别为：25℃，5 MPa（大致相当于埋深 500 m）；35℃，10 MPa（大致相当于埋深 1000 m）；45℃，15 MPa（大致相当于埋深 1500 m）；55℃，20 MPa（大致相当于埋深 2000 m）。

4.2　实　验　成　果

煤储层水中甲烷溶解度实验在中国石油大学（北京）油气藏流体高压相态及物性研究室完成，水样的地球化学特征委托江苏地质矿产设计研究院检测。

4.2.1　煤层水地球化学特征

水样的总矿化量可按化学分析所得的全部离子量、分子及化合物总量相加求得，也可在 110℃温度下将水蒸干后所得之干涸残余物之含量来表示。这两种方法所得结果常不一致（李正根，1980）。这是由于一部分分子分析不出来；另外在蒸发时，有机物氧化或挥发掉；有时干涸残余物中形成含有结晶水的化合物；重碳酸根离子（HCO_3^-）在蒸发时被破坏，一部分变成水蒸气逸走。因此，在利用后者计算干涸残余物时，应采取所分析的重碳酸离子含量之半数，因为干涸残余物中 HCO_3^- 之重量近似地等于水中实际所含 HCO_3^- 重量的一半。

表 4-2　海拉尔盆地煤层水测试结果表

样号		HLR-02	HLR-05	HLR-06	HLR-07
阳离子/(mg/L)	K^++Na^+	85.24	411.95	461.56	496.20
	Ca^{2+}	26.41	3.71	2.89	3.71
	Mg^{2+}	5.76	1.01	1.63	1.51
	Fe^{3+}+Fe^{2+}	—	0.31	0.74	1.14
	NH_4^+	—	2.14	2.62	0.27
阳离子总含量/(mg/L)		117.41	419.12	469.44	502.83
阴离子/(mg/L)	HCO_3^-	11.98	71.79	54.70	54.70
	Cl^-	18.52	60.09	36.63	70.38
	SO_4^{2-}	291.25	788.99	1007.07	955.45
	CO_3^{2-}	0.00	53.63	50.81	67.33
	NO_3^-	—	17.98	—	0.95
	NO_2^-	0.06	1.19	0.70	0.05
阴离子总含量/(mg/L)		321.81	993.67	1149.91	1148.86
酸碱度 pH		7.92	8.53	8.57	8.69
矿化度/(g/L)		0.439	1.413	1.619	1.652
游离 CO_2/(mg/L)		12.26	0.00	0.00	0.00

注：气体体积为标准状况（0℃、101.3 kPa）下的体积，下同

　　采集的海拉尔盆地煤储层水矿化度介于 0.439~1.6525 g/L 之间，煤层水中阳离子以 K^++Na^+ 为主，阴离子以 SO_4^{2-} 为主，pH 均大于 7，为碱性水（表 4-2）。此外，分别对新疆阜康矿区大黄山煤矿 42#煤层与鑫隆煤矿 39#煤层的储层水进行了地球化学分析（表 4-3，表 4-4），阜康矿区储层水矿化度介于 0.845~8.514 g/L 之间，平均为 4.729 g/L。

表 4-3　阜康矿区鑫龙煤矿 39#煤储层水样地球化学检测结果

	离子	质量浓度/(mg/L)	物质的量浓度/(mmol/L)	占比/%	项目	
阳离子	K^++Na^+	825.8	35.903	96.54	总硬度	57.8 mg/L
	Ca^{2+}	10.22	0.510	1.37	永久硬度	—
	Mg^{2+}	6.82	0.561	1.51	暂时硬度	603.8 mg/L
	Fe^{3+}	—	—	—	负硬度	546.01 mg/L
	Fe^{2+}	—	—	—	pH	9.6
	Al^{3+}	—	—	—	游离 CO_2	—
	NH_4^+	3.92	0.218	0.58	侵蚀性 CO_2	—
	合计	846.76	37.192	100	固定 CO_2	—

续表

离子		质量浓度 /(mg/L)	物质的量浓度 /(mmol/L)	占比/%	项目	
阴离子	NO_3^-	0.06	0.001	0	可溶性 SiO_2	3.38 mg/L
	Cl^-	153.51	4.329	15.64	矿化度	3132 mg/L
	SO_4^{2-}	998.71	20.793	51.91	灼热残渣	—
	NO_2^-	0.25	0.005	0.01	H_2S	—
	CO_3^{2-}	203.65	6.786	18.25	溶解氧	—
	HCO_3^-	322.06	5.278	14.19	耗氧量	8.87 mg/L
合计		1678.24	37.192	100	蛋白氮 N_2O_5	0.05 mg/L
总计		2525	37.192	100	有机氮 N_2O_3	0.2 mg/L

4.2.2　煤层气溶解度

煤储层水中甲烷溶解度模拟实验数据可据式（4-2）换算为煤储层水溶气体积，即

$$V_{WV} = S \times V_m \times \rho_W \qquad (4\text{-}2)$$

式中：V_{WV} ——水溶气体积，m^3 甲烷/m^3 水；

　　　S ——溶解度，mol/kg 水；

　　　V_m ——甲烷摩尔体积，L/mol；

　　　ρ_W ——煤层水密度，g/mL。

根据克拉伯龙方程，理想中 1mol 甲烷气体在 0℃、101.3 kPa 条件下的体积约为 22.4 L。

表 4-4　阜康矿区大黄山煤矿 42 号煤储层水样地球化学检测结果

离子		质量浓度/ （mg/L）	物质的量浓度/ （mmol/L）	占比/%	项目	
阳离子	$K^+ + Na^+$	2646.65	115.072	93.17	总硬度	404.57 mg/L
	Ca^{2+}	120.60	6.018	4.87	永久硬度	—
	Mg^{2+}	17.97	1.478	1.2	暂时硬度	1528.38 mg/L
	Fe^{3+}	—	—	—	负硬度	1123.8 mg/L
	Fe^{2+}	—	—	—	pH	8.3 mg/L
	Al^{3+}	—	—	—	游离 CO_2	—
	NH_4^+	16.98	0.940	0.76	侵蚀性 CO_2	—
合计		2802.20	123.508	100	固定 CO_2	—

续表

	离子	质量浓度/ (mg/L)	物质的量浓度/ (mmol/L)	占比/%	项目	
	NO$_3^-$	5.03	0.081	0.07	可溶性 SiO$_2$	25.99 mg/L
	Cl$^-$	502.01	14.157	11.46	矿化度	6658 mg/L
阴	SO$_4^{2-}$	3750.82	78.092	63.23	灼热残渣	—
离	NO$_2^-$	29.51	0.641	0.52	H$_2$S	无
子	CO$_3^{2-}$	90.51	3.016	2.44	溶解氧	—
	HCO$_3^-$	1679.33	27.521	22.28	耗氧量	67.39 mg/L
	合计	6057.21	123.508	100	蛋白氮 N$_2$O$_5$	4.39 mg/L
总计		8859.41	123.508	100	有机氮 N$_2$O$_3$	24.37 mg/L

　　海拉尔盆地的四组低煤级储层水中甲烷溶解度实验成果表明，甲烷溶解度随压力、温度的增大而增大，二者呈良好的正相关关系（表 4-5，图 4-3），说明在压力和温度的综合作用下，压力对甲烷溶解度的正效应远大于温度（低于80℃）对甲烷溶解度的负效应。但随着压力、温度的增大，褐煤储层水的水溶气体积增加幅度逐渐递减。温度、压力低时（25℃/5 MPa~35℃/10 MPa），甲烷溶解度随压力的变化量介于 0.114~0.128 m^3 甲烷·m^{-3} 水/MPa 之间，平均为 0.122 m^3 甲烷·m^{-3} 水/MPa；随着温度、压力的增高（35℃/10 MPa~45℃/15 MPa），甲烷溶解度随压力的变化量介于 0.074~0.084 m^3 甲烷·m^{-3} 水/MPa 之间，平均为 0.079 m^3 甲烷·m^{-3} 水/MPa；温度、压力较高时（45℃/15 MPa~55℃/20 MPa），甲烷溶解度随压力的变化量变小，仅介于 0.039~0.079 m^3 甲烷·m^{-3} 水/MPa 之间，平均为 0.059 m^3 甲烷·m^{-3} 水/MPa。

表 4-5　水溶气实验数据表

样号	矿化度/(g/L)	煤层水密度/(g/mL)	温度/℃	压力/MPa	溶解度/(mol/kg)	水溶气体积 V_m/(m^3 甲烷/m^3 水)
HLR-02	0.44	1.000 99	25	5	0.0579	1.30
			35	10	0.0846	1.90
			45	15	0.1033	2.32
			55	20	0.1208	2.71
HLR-05	1.41	1.001 29	25	5	0.0457	1.03
			35	10	0.0712	1.60
			45	15	0.0877	1.97
			55	20	0.0964	2.16

续表

样号	矿化度/（g/L）	煤层水密度/（g/mL）	温度/℃	压力/MPa	溶解度/（mol/kg）	水溶气体积 V_m/（m³甲烷/m³水）
HLR-06	1.62	1.001 12	25	5	0.0470	1.05
			35	10	0.0755	1.69
			45	15	0.0921	2.07
			55	20	0.1044	2.34
HLR-07	1.65	1.001 02	25	5	0.0522	1.17
			35	10	0.0798	1.79
			45	15	0.0983	2.20
			55	20	0.1128	2.53

整体趋势看，低煤级储层水的水溶气含量主要受压力影响，但随着煤储层埋深（温度、压力）的增加，温度对水溶气含量的影响逐渐增大。

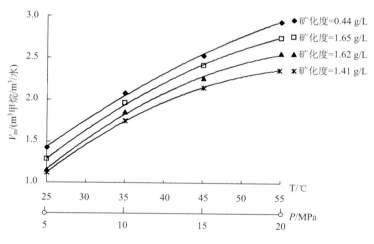

图 4-3　甲烷在海拉尔盆地煤储层水中的溶解度曲线

4.3　影　响　因　素

4.3.1　矿化度

水中所含各种离子、分子及化合物的总量称为水的总矿化量，以 g/L 表示。其中包括所有溶解状态及胶体状态的成分，但不包括游离状态的气体成分。总矿化量表示水中含盐量的多少，即水的矿化程度，故又称矿化度。李正根（1980）按矿化度的高低将水分为淡水、微咸水、咸水、盐水、卤水五种类型（表4-6）。

表4-6　水的矿化度分类（李正根，1980）

类别	淡水	微咸水	咸水	盐水	卤水
矿化度/（g/L）	<1	1~3	3~10	10~50	>50

　　无论温度、压力情况如何，气体在电解质溶液中的溶解度均随矿化度的升高而降低。但不同温度、压力状况下，气体溶解度随矿化度的升高而降低的幅度有所不同（图4-4~图4-6）。压力越高，矿化度对气体溶解度的影响越大（图4-4）；在温度低于80℃情况下，温度越低，矿化度对气体溶解度的影响越大（图4-5）。综合来看，在一定温度、压力下，若气体的溶解度越大，则矿化度对气体的溶解的影响也越显著。在其他条件均相同只有矿化度不同时，随着矿化度的增大，溶解度下降趋势趋于平缓（图4-6）。

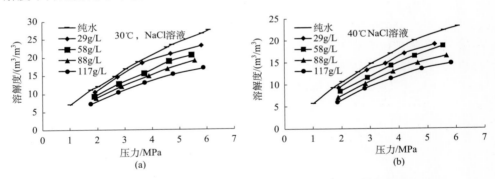

图4-4　CO_2 在纯水和不同矿化度 NaCl 溶液中的溶解度（据顾飞燕，1998）

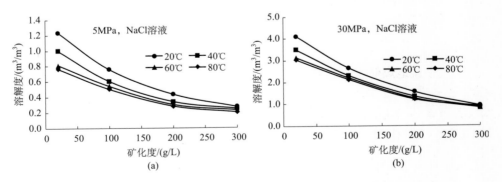

图4-5　CH_4 在不同矿化度 NaCl 溶液中的溶解度（据 Корценштеин，1991）

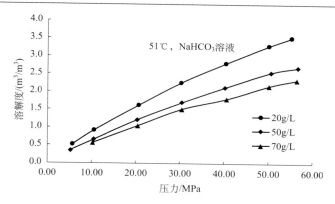

图 4-6　N_2 在不同矿化度 $NaHCO_3$ 溶液中的溶解度（据高军，1996）

　　苏现波等（2002）对甲烷在地层水中的溶解度研究认为，在低压条件下矿化度影响较小，在高压条件下则影响较大。在矿化度为 100 000 ppm 的水中，甲烷的溶解度下降 30%~40%。Dodson（1944）编制了矿化度校正图（图 4-7）。李本亮（2003）对矿化度的研究认为，随着地层水中盐度增加，天然气溶解度明显降低。王勃等（2007）的研究认为，高煤阶煤倾向于高矿化度，预示着良好的保存条件，而且高矿化度水主要存在于承压区，煤层气藏具有较高的含气量和较好的保存条件。因此，高矿化度有利于高煤阶储层下煤层气的富集成藏。而低煤级褐煤则倾向于低矿化度，矿化度越高，不利于甲烷菌生长，从而导致甲烷溶解度降低，水溶态甲烷含量降低。

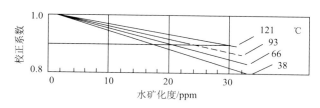

图 4-7　水中溶解气量的矿化度校正曲线（据 Dodson，1944）

　　海拉尔盆地煤储层水样分析显示，水样中阳离子中 K^++Na^+ 占绝对优势，但 HLR-02 号水样 Ca^{2+}、Mg^{2+} 含量较高，其他水样含量较低，Fe^{3+}、Fe^{2+}、NH_4^+ 均较低（表 4-2）；阴离子中 SO_4^{2-} 占绝对优势，HLR-05、HLR-06、HLR-07 号水样 Cl^-、SO_4^{2-}、CO_3^{2-} 含量均较高，NO_3^-、NO_2^- 极低，HLR-05 号水样含有少量 NO_3^-，HLR-02 号水样则 CO_3^{2-}、NO_3^-、NO_2^- 含量均极低（表 4-2）。煤储层水矿化度介于 0.44~1.65 g/L 之间，平均值为 1.56 g/L（表 4-2）。

　　海拉尔盆地煤储层水矿化度与埋深呈良好的正相关关系（图 4-8）。但煤储层水矿化度与甲烷溶解度的关系不太明显，整体趋势看，低煤级储层水溶气体积在矿化度值低于 1.00 g/L 时，水溶气体积随矿化度的增加而降低；当矿化度大于 1.00 g/L 后，水溶气体积随矿化度的增加而增大（图 4-9）。可能是煤中有机质，即煤粉增加，导致视溶解度增大的缘故。

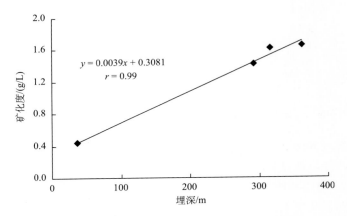

图 4-8　海拉尔盆地煤储层水矿化度与埋深关系

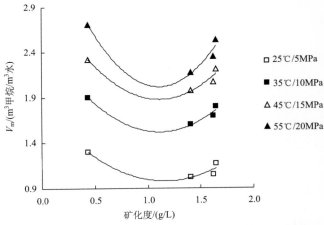

图 4-9　海拉尔盆地煤储层水矿化度与水溶气体积关系

4.3.2　温度、压力

　　水溶态烃类气体在运移过程中，由于地质条件的改变，如沿断层垂向运移、或由于地壳抬升，使得含水层隆起或地层水基准面区域性或局部性的降低，导致温度和压力条件逐渐降低，致使地层水中溶解的烃类气体由饱和-过饱和而释放出来。

　　煤层水中的甲烷溶解气量取决于煤储层中的温度、压力条件（Корценштеин，1991；郝石生等，1993；付晓泰等，1996，1997；杨申镳等，1997；傅雪海等，2004）。天然气、煤层气领域的研究成果表明，在其他条件都相同时，气体的溶解度随温度的升高先降低而后增大，大概在80℃左右时，气体溶解度最小（图4-10）。在低于 80℃条件下，气体溶解度随温度的升高而降低，当压力较低时（<5 MPa），气体的溶解度随温度降低趋势近似直线，且溶解度变化幅度不大；在压力较高的情况下（>10 MPa），气体溶解度随温度增加呈抛物线状下降（图4-11）；在温度大于 80℃条件下，当压力较低时（<5 MPa），气体的溶解度随温度增加近似直线升高且变化幅度不大，在压力较高的情况下（>10 MPa），气体溶解度随温度增加呈抛物线状增大（图4-10）。

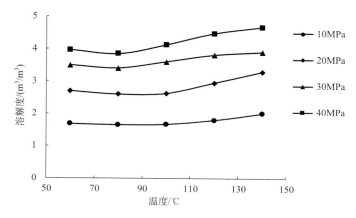

图4-10　不同温度下天然气在 5 g/L 的 $NaHCO_3$ 溶液中的溶解度（据郝石生等，1993）

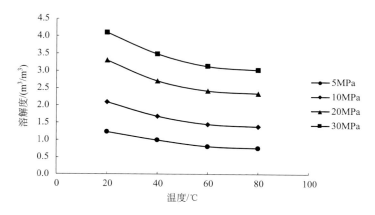

图4-11　不同温度下 CH_4 在 20 g/L 的 NaCl 溶液中的溶解度（据 Корценштеин，1991）

　　整体趋势看，低煤级储层水的水溶气含量主要受压力影响，但随着煤储层埋深（温度、压力）的增加，温度对水溶气含量的影响逐渐增大。

4.3.3　游离 CO_2

　　二氧化碳在水中的溶解度较大（表 4-7 和表 4-8）。因此，煤储层水中，二氧化碳普遍存在。二氧化碳的溶解度与甲烷溶解度一样，随矿化度增大而减少，随压力增加而增大。

表 4-7　常压下气体溶解度

化合物	分子式	纯水中的溶解系数 / （20℃，10^5Pa，m^3/m^3）
甲烷	CH_4	0.033
二氧化碳	CO_2	0.870

表 4-8　CH_4、N_2、CO_2 在 20g/L 的 $NaHCO_3$ 溶液中的溶解度（据高军 1996）

CH_4		N_2		CO_2	
压力/MPa	溶解度/（m^3/m^3）	压力/MPa	溶解度/（m^3/m^3）	压力/MPa	溶解度/（m^3/m^3）
5.35	1.033	5.70	0.518	5.20	8.42
10.20	1.479	10.60	0.914	10.60	13.92
20.40	2.538	20.70	1.615	20.20	21.74
30.73	3.339	30.30	2.253	30.80	29.18
40.60	3.922	40.42	2.801	40.24	33.85
50.50	4.509	50.20	3.294	50.60	38.17
57.40	4.979	55.30	3.521	56.80	40.04

　　海拉尔盆地煤储层水样分析表明 HLR-02 游离 CO_2 的含量较其他样品高，为 12.26 mg/L。煤层水样实验数据显示，HLR-02 水样水溶气含量普遍高于其他水样，说明水中 CO_2 一定程度上有利于甲烷气的溶解。

4.3.4　煤粉

　　傅雪海等（2004，2005）采取了山西沁水盆地、内蒙古海拉尔盆地等不同矿区煤储层水样，进行了甲烷溶解度实验，实验结果显示甲烷在含矿化度的煤储层水中的溶解度大于去离子水中的溶解度，压力越高越明显。前人的研究成果一致认为 CH_4 在离子溶液中的溶解度小于纯水中的溶解度。由此，可以推断煤储层水中所含的煤粉颗粒使甲烷在煤储层水中溶解度高于离子溶液；实验还发现随着压力增大煤储层水中的有机质对甲烷的增溶作用变强，并提出产生上述现象的原因是有机质微粒对 CH_4 的吸附作用。针对沁水盆地煤储层水样的实验结果，结合煤级差异，利用平衡水等温吸附曲线推算出了不同埋深（不同温度、压力条件）下有机质微粒的饱和吸附气量（表4-9）。

表4-9　海拉尔盆地褐煤储层不同埋深下有机质微粒的吸附气量（据傅雪海，2005）

埋深/m	500	750	1000	1250	1500	1750	2000
温度/℃	30.0	37.5	45.0	52.5	60.0	67.5	75.0
储层压力/MPa	4	6	8	10	12	14	16
矿化度/（mg/L）	300	400	500	600	700	800	1000
有机质微粒吸附/（m^3 甲烷 /m^3 水）	0.52	0.58	0.62	0.64	0.66	0.68	0.69

本次研究采取了阜康矿区大黄山煤矿 42# 煤层和鑫隆煤矿 39# 煤储层的水样，取水样的体积约为 1 L，在新疆工程学院实验室进行了过滤，滤纸上的煤粉自然风干后测定滤纸上的煤粉质量，大黄山煤矿 42# 煤储层水中煤粉含量为 0.1003%，鑫隆煤矿 39# 煤储层水中煤粉含量为 0.0885%（表 4-10）。由于煤粉对 CH_4 的吸附作用，将会使 CH_4 在煤储层水的溶解度大于相同矿化度的电解质溶液，导致煤储层水的视溶解度增大，煤粉的吸附作用产生的储层水溶解度可以用煤对甲烷的等温吸附实验所得的吸附参数和煤储层压力进行计算。

表4-10　阜康矿区煤储层水中煤粉含量测定结果

	水质量/g	煤粉质量/g	煤粉质量分数/%
鑫隆矿 39#煤层	960	0.8497	0.0885
大黄山矿 42#煤层	970	0.9731	0.1003

4.4　甲烷溶解机理探讨

付晓泰等（1996）对天然气的实验研究认为，烃类气体在地层水中的溶解机理主要有两种：一种是烃类气体分子与水分子作用形成水合分子；另一种则是烃类气体分子填充在水分子的间隙中。两种溶解机理对烃类气体总溶解度的贡献大小均受温度和压力变化的影响。压力增大，烃类气体在地层水中的总溶解度增大，反之则减小。温度对其影响相对较为复杂（图 4-12），当温度小于 80℃ 左右时，烃类气体溶解度随温度升高而减小；当温度大于 80℃ 左右时，溶解度随温度升高而逐渐增大。

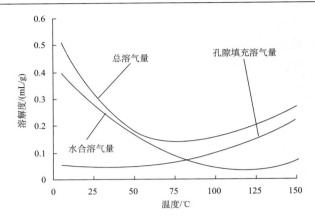

图 4-12　两种溶解机理对甲烷总溶解度的贡献（1 MPa，据付晓泰等，1996）

矿化度亦对烃类气体在地层水中的溶解度产生影响，主要表现为对间隙填充形式上的溶解机理影响，即矿化度升高，被其填充的水分子间隙数目增多，造成烃类气体分子所能填充的水分子间隙数目相对减小，从而使得以间隙填充形式的烃类气体溶解度减小。相反，烃类气体在地层水中的溶解度随矿化度减小而增大。甲烷分子为非极性分子，在溶解时气体不发生明显的水解作用，其分子体积较小，气体溶解度以孔隙填充机理为主。

甲烷分子在煤储层水中的溶解机理与天然气溶解机理区别不大，其甲烷溶解度均受到温度、压力、煤储层水矿化度及其离子组成的影响。通常情况下，压力增加，煤层甲烷在煤储层水中的总溶解度增大，低压（＜10 MPa）时呈线性关系，高压时呈曲线关系（O'Sullivan et al.，1970；高军等，1996）。温度对其的影响则较为复杂，当温度低于80℃时，甲烷溶解度随温度的升高而减少，当温度高于80℃时，则随温度的升高而增加（图4-12），造成这一现象的原因是水合溶气量和孔隙填充溶气量对总溶解度综合作用的结果。煤储层水矿化度对煤层甲烷在煤储层水中溶解度的影响主要表现在对间隙填充形式上，矿化度升高，被其填充的水分子间隙数目增多，造成甲烷分子所能填充的水分子数目相对减少，从而使以间隙填充形式的甲烷溶解度减少导致煤层甲烷的溶解度随矿化度的增大而减少。但矿化度对煤层甲烷溶解度的影响较温度和压力的影响要弱，矿化度的离子组成对甲烷溶解度也有一定的影响，煤粉的压力吸附作用对甲烷的溶解度有重要影响。

4.5　水溶气量板

煤层气能不同程度地溶解于煤储层的地下水中，不同的气体溶解度差别很大。20℃、1 atm下单位体积水中溶解的气体体积称为溶解度（单位：m^3气/m^3水），溶解度同气体压力的比值称为溶解系数（单位：m³/(m³·atm)）。温度对溶解度的影响较复杂，温度＜80℃时，随温度升高溶解度降低；温度＞80℃时，溶解度随温度升高而增加（图4-13）。

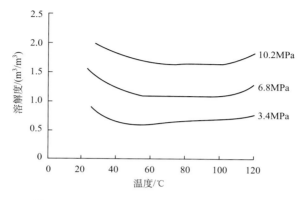

图4-13　甲烷在水中的溶解度与温度的关系

庞雄奇等（2003）、傅雪海等（2004）水溶甲烷实验表明：①矿化度相同的水样甲烷溶解度随压力增加而增大（图4-14）；②当温度低于80℃时，甲烷溶解

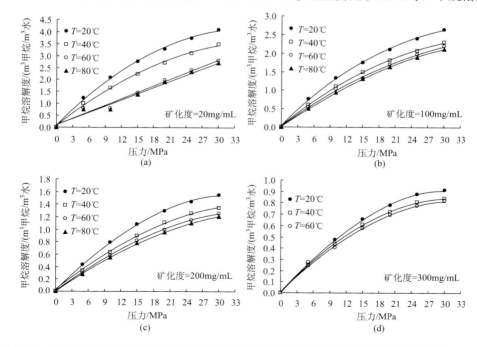

图4-14　不同温度、不同矿化度条件下的甲烷溶解度与压力的关系（部分数据源自庞雄奇等，2003）

度随温度的升高而降低（图 4-14）；③甲烷溶解度随压力的增加而增加，低压时呈线性关系，高压时（＞10 MPa）呈曲线关系（图 4-14）；④甲烷溶解度随矿化度的增加而减少（图 4-15）。所以在高温高压的地下水中溶解气明显增加。如果煤储层水 CO_2 饱和时，则甲烷在水中的溶解度会明显增大。

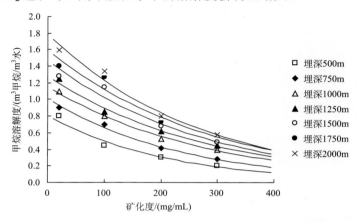

图 4-15　甲烷溶解度与矿化度的关系

4.6　本 章 小 结

甲烷在煤储层水中的溶解度是其所处温度、压力、矿化度的函数。针对海拉尔盆地四组煤储层水中甲烷溶解度的模拟实验，分析了温度、压力、煤储层水地球化学特征等影响因素及其与甲烷溶解特征的相关性，并对甲烷在煤储层水中的溶解机理进行了初步探讨。

（1）低煤级煤储层水中甲烷溶解度随压力、温度的增大而增大，二者呈良好的正相关关系，说明在压力和温度的综合作用下，压力对甲烷溶解度的正效应远大于温度（低于 80℃）对甲烷溶解度的负效应。随着压力、温度的增大，褐煤储层水的水溶气体积增加幅度逐渐递减。

（2）海拉尔盆地煤储层水矿化度介于 0.44~1.65 g/L 之间，平均值为 1.56 g/L。矿化度与埋深呈良好的正相关关系；阜康矿区储层水矿化度介于 0.85~8.51 g/L 之间，平均为 4.73 g/L。

（3）煤储层水矿化度低于 1.00 g/L 时，水溶气体积随矿化度的增加而降低；当矿化度大于 1.00 g/L 后，水溶气体积随矿化度的增加而增大。可能是煤中有机质，即煤粉增加，导致视溶解度增大的缘故。

（4）海拉尔盆地的煤储层水呈弱碱性，pH 平均为 8.43。游离 CO_2 含量较高的水样溶解甲烷量较高，说明水中 CO_2 一定程度上有利于甲烷气的溶解。

5 游离态甲烷含量物理模拟研究

5.1 游离气含量计算方法

游离气，是指存在于煤孔隙和裂隙空间的自由气体。游离气含量的影响因素较多，其中煤中孔隙和裂隙的大小、形态、孔隙度和连通性等决定了游离气的储集、运移和产出。傅雪海（1999）研究认为，煤储层系由宏观裂隙、显微裂隙和孔隙组成的三重孔、裂隙介质，孔隙是煤储层气的主要储集场所，宏观裂隙是煤储层气运移的通道，而显微裂隙则是沟通孔隙与裂隙的桥梁。陈鹏（2001）研究认为，煤作为多孔固态物质，其总孔体积的主要部分是在微孔中，且煤中孔的体积和孔的大小分布决定着游离气的储集能力。张新民等（2006）对褐煤储层的研究认为，煤中裂隙孔隙度少，通常被水饱和，因而对储气能力影响很小；被裂隙围限的煤基质中的孔隙是煤层孔隙空间的主要部分，孔隙度大，控制着游离气的储集能力。郑得文等（2008）研究认为，游离气的地质储量与煤储层平均孔隙度、原始含水饱和度、气体体积系数等因素相关。

对于气体在压力不超过 20MPa，温度不低于 20℃时，游离气含量通常按理想气体状态方程式进行计算，即

$$\frac{P_0 V_0}{T_0} = \frac{PV}{T} \quad \text{或} \quad P = \frac{RT}{M}\rho \tag{5-1}$$

式中：P_0、V_0、T_0——标准状态下游离甲烷压力、游离甲烷含量和热力学温度；

$\quad\quad\quad$ P、V、T——储层状态下压力、游离甲烷含量（假设煤的孔隙被水、气所饱和）和热力学温度；

$\quad\quad\quad$ ρ——甲烷气体密度；

$\quad\quad\quad$ M——甲烷的摩尔质量；

$\quad\quad\quad$ N_A——阿伏伽德罗常量。

煤中游离气赋存状态符合气体的状态方程。对于像煤层气这样的真实气体可用范德华方程描述（苏现波等，1999）：

$$\left[p + \frac{M^2}{\mu^2}\frac{a}{V^2}\right] \bullet \left[V - \frac{M}{\mu}b\right] = \frac{M}{\mu}RT \tag{5-2}$$

式中：a、b——常数，可由实验求得；

$\quad\quad\quad$ P——压力，Pa；

M——气体质量，kg；

μ——摩尔质量，kg/mol；

T——热力学温度，K；

R——普适气体常数。

实际上气体分子之间存在着作用力，且分子体积也不为零，按理想气体状态方程式进行计算可能会带来较大误差。为此可换由马略特定律计算游离气含量。

根据马略特定律，即：

$$V_g = \frac{\varphi_{剩余} P_g T_0}{P_0 T_{储} Z} \qquad (5-3)$$

式中：V_g——换算成标准状态后的游离气体积，m^3/t；

$\varphi_{剩余}$——单位重量煤中剩余孔隙体积，m^3/t；

P_g——煤储层气体压力，即瓦斯压力，MPa；

P_0、T_0——标准状态下的压力（0.101 325 MPa）和热力学温度（273K）；

Z——气体压缩因子，是压力和温度的函数，即 $Z = Z(P, T)$，见表 5-1。

表 5-1　煤层甲烷压缩系数 Z

甲烷压力	煤层温度/℃					
/MPa	0	10	20	30	40	50
0.1	1.00	1.04	1.08	1.12	1.16	1.20
1	0.97	1.02	1.06	1.10	1.14	1.18
2	0.95	1.00	1.04	1.08	1.12	1.16
3	0.92	0.97	1.02	1.06	1.10	1.14
4	0.90	0.95	1.00	1.04	1.08	1.12
5	0.87	0.93	0.98	1.02	1.06	1.11
6	0.85	0.90	0.95	1.00	1.05	1.10
7	0.83	0.88	0.93	0.98	1.04	1.09

由此可见，马略特定律计算游离气含量时，一要获得煤储层原位孔隙度，即覆压下煤储层孔隙度减去水分占据的孔隙度，或实测煤样孔隙度减水饱和煤样下水平有效应力下的累计体积应变；二要获得原位储层气体压力。因此本章节物理模拟的重点就是获取煤的孔隙度、密度以及体积应变这三类参数，为游离气含量的数值模拟奠定基础。

5.2 实 验 方 法

5.2.1 真密度（TRD）和视密度（ARD）测定

煤的孔隙度（φ）是指煤的孔隙体积（V_p）与煤的总体积（V）之比的百分数，也可用单位重量煤包含的孔隙体积表示（cm^3/g）。煤质测定中通常根据测定煤的真密度和视密度值来计算孔隙度。

1. 真密度（TRD，true relative density）

测定煤的真密度常用比重瓶法，以水作置换介质，根据阿基米德原理进行计算。实验以十二烷基硫酸钠溶液为润湿剂，使煤样在比重瓶中润湿、沉降并排除吸附的气体，以煤样质量和它排出的纯水的质量计算煤样的真密度。实验采用水作置换介质操作方便，但水分子的直径较大，不能进入很细的毛细管和微孔中，测得的真密度仅是近似值。

煤的真密度计算公式如下：

$$\left(\mathrm{TRD}_{20}^{20}\right)_{\mathrm{d}} = \frac{G_{\mathrm{d}}}{G_0 + G_{\mathrm{d}} - G_1} \tag{5-4}$$

式中：$\left(\mathrm{TRD}_{20}^{20}\right)_{\mathrm{d}}$——干燥基煤样的真密度，$g/cm^3$；

$\quad\quad G_{\mathrm{d}}$——干燥基煤样质量，g；

$\quad\quad G_0$——比重瓶、浸润剂及水的质量，g；

$\quad\quad G_1$——比重瓶、浸润剂、煤样及水的质量，g。

2. 视密度（ARD，apparent relative density）

煤的视密度是指 20℃煤（包括煤中的孔隙）的质量与同体积水的质量之比。目前测定视密度的方法主要采用涂蜡法，即在煤粒外表面涂上一层薄蜡膜，封住煤粒的孔隙，使介质不能进入孔隙后，将涂蜡的煤粒浸入水中用比重天平称量，根据阿基米德原理测出煤粒的外观体积。其计算公式如下：

$$\mathrm{ARD}_{20}^{20} = \frac{G_1}{\left(\dfrac{G_2 + G_4 - G_3}{\rho_{\mathrm{r}}} - \dfrac{G_2 - G_1}{\rho_{\mathrm{s}}}\right) \times \rho_W^{20}} \tag{5-5}$$

式中：ARD_{20}^{20}——煤在 20℃的视密度，g/cm^3；

$\quad\quad G_1$——煤样的质量，g；

$\quad\quad G_2$——涂蜡煤粒的质量，g；

G_3——比重瓶、涂蜡煤粒及水溶液的质量，g；

G_4——比重瓶、水溶液的质量，即空白值，g；

ρ_s——石蜡的密度，g/cm^3；

ρ_r——在 20℃时十二烷基硫酸钠溶液的密度，g/cm^3；

ρ_w^{20}——水在 20℃时的密度，g/cm^3。

5.2.2　压汞实验

研究煤孔径结构的方法较多，汞侵入法和低温氮吸附法是常用的方法。汞侵入法可测出煤中 7.2 nm 以上的孔隙，低温氮吸附法（BET 法）可测至 0.35 nm 的孔隙。根据艾鲁尼（1992）研究认为，游离态甲烷主要分布于裂隙、大孔和块体空间内，微孔隙中的甲烷多为吸附态。因此，本书中的孔径结构测定采用汞侵入法已能够满足游离态甲烷的研究要求。

压汞实验采用手选纯净的煤样，统一破碎至 2 mm 左右，尽可能地消除样品中矿物杂质及人为裂隙和构造裂隙对测定结果的影响。上机前将样品置于烘箱中，在 70~80℃的条件下恒温干燥 12 h，然后装入膨胀仪中抽真空至 $P<6.67$Pa 时进行测试。采用美国 Micromeritics Instrument 公司的压汞微孔测定仪（图 5-1），仪器工作压力为 0.0035~206.8430 MPa，分辨率为 0.1 mm^3，粉末膨胀仪容积为 5.1669 cm^3，测定下限为孔隙直径 7.2 nm，计算机程控点式测量，其中高压段（0.1655 MPa ≤ P ≤ 206.8430MPa）选取压力点 36 个，每点稳定时间 2 s，每个样品的测试量为 3 g 左右。

图 5-1　压汞微孔测定仪

汞侵入法（又称压汞法）是基于毛细管现象设计的，由描述这一现象的 Laplace 方程表示。在压汞法测试煤孔隙过程中，低压下，汞仅被压入到煤基质块体间的微裂隙，而高压下，汞才被压入微孔隙。为了克服汞和固体之间的内表面张力，

在汞充填尺寸为 r 的孔隙之前，必须施加压力 $P(r)$。对圆柱形孔隙，$P(r)$ 和 r 的关系满足著名的 Washburn 方程，即

$$P(r) = (-4\delta\cos\theta/r) \times 10 \tag{5-6}$$

式中：$P(r)$——外加压力，MPa；

　　　　r——煤样孔隙直径，nm；

　　　　δ——金属汞表面张力，480 dyn/cm；

　　　　θ——金属汞与固体表面接触角（$\theta=140°$）。

煤中孔隙空间由有效孔隙空间和孤立孔隙空间构成，前者为气、液体能进入的孔隙，后者则为全封闭性"死孔"。因此，使用汞侵入法仅能测得有效孔隙的孔容。

压汞实验中得出的孔径与压力的关系曲线称为压汞曲线或毛细管曲线，测出各孔径段比孔容和比表面积及排驱压力（是指压汞实验中汞开始大量进入煤样时的压力，或者是非润湿相开始大量进入煤样最大喉道的毛细管压力，亦称入口压力或门限压力）、饱和度中值压力（毛细管曲线上饱和度为 50% 所对应的毛细管压力）、饱和度中值半径（饱和度中值压力对应的孔隙半径）等参数。

5.2.3　应力下的孔隙特征实验

1. 三轴力学实验

1）MTS810 电液伺服岩石力学实验系统

应力下的孔隙特征一般通过力学实验来模拟。电液伺服岩石力学刚性试验系统是由计算机控制的现代化岩石力学试验系统（图 5-2），数据可实现自动采集和处理，图 5-3 是这种试验系统的简单原理图。该实验系统可模拟上覆地应力 0~850 MPa，围压 0~45 MPa。

图 5-2　MTS810 电液伺服岩石力学实验系统

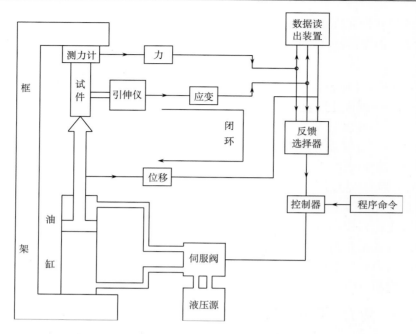

图 5-3　伺服试验机原理示意图

　　本实验系统主要是针对海拉尔盆地的褐煤（煤样编号：HLR-02、HLR-05、HLR-06 和 HLR-07）进行一系列的力学性质测定。褐煤水分含量较高，抗压能力较弱，其形成低煤级煤的上覆岩层压力一般较小（杨起，1987）。因此，样品选择在水饱和条件下进行压缩实验。孔隙度大的煤一般强度较小，为避免样品在加围压时发生流变（HLR-01，$R_{o,max}$=0.24%煤样在加围压 4 MPa 下即发生流变），实验设计为围压、轴压同时加压模式，即围压为 0~8 MPa（加载速率为 0.027 MPa/s），轴压为 0~26 MPa（加载速率为 0.086 MPa/s），计算机每 1 s 采集一组数据，采集的主要数据有围压、轴压、轴向应变、环向应变、体积应变、轴向位移、环向位移及时间等。

　　2）MTS815 电液伺服岩石力学实验系统

　　常规三轴力学实验，就是煤样受三向压应力作用，且 $\sigma_1 > \sigma_2 = \sigma_3$，即两个较小的主应力相等。实验仪器为 MTS815 电液伺服岩石力学试验系统（图 5-4、图 5-5），该试验系统可模拟轴压 4.5 KN，围压 150 MPa，可自动采集和处理数据。本次实验设计为先加围压，围压稳定后，再加轴压模式，围压为 0~8 MPa，轴压为 0~32 MPa，样品选择在水饱和条件下进行压缩实验。本系统主要针对阜康矿区大黄山煤层 1 号和 2 号的煤样（煤样编号为：DHS-01 和 DHS-02）进行围压、轴压、轴向应变、径向应变、体积应变、轴向位移、环向位移等测定。

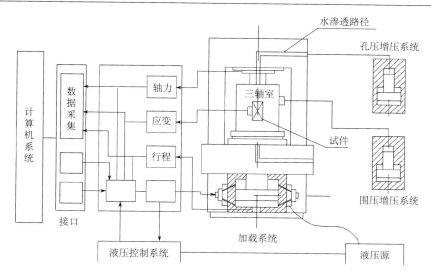

图 5-4 MTS 伺服压力机原理图

图 5-5 MTS815 电液伺服岩石力学实验系统

2. 覆压下孔隙度实验

本次实验在中国石油勘探开发研究院完成，采用的仪器是 AP-608 覆压孔隙度渗透率仪（图 5-6）。该仪器采用气体脉冲衰减法进行测量，可测量真实油藏压力条件下岩石气相渗透率和孔隙度，也可确定当量液相和空气相对渗透率、孔隙度和孔隙体积。整个测试过程全部为自动测试，所有采集数据包括原始测试数据存入 ASCII 文件中，可随时查看。

　　本实验仪器采取非稳态脉冲衰减测量煤体渗透率并计算等效液体渗透率，孔隙度和孔隙体积采用玻意耳（Boyles）定律，在上覆压力下完成孔隙度测试，通过电子控制的流体注射泵来调节覆压。

图 5-6　　AP-608 覆压孔隙度渗透率仪

　　选取阜康矿区大黄山煤矿 1 号和 2 号的煤样（煤样编号为：DHS-01 和 DHS-02），首先钻取直径为 2.5 cm、长度为 3~5 cm（图 5-7）的煤柱，按要求在干燥器中干燥至恒重，依据石油天然气行业标准 SY/T 6385-1999《覆压下岩石孔隙度和渗透率测定方法》的实验步骤对煤柱样进行了覆压下孔隙度测试。

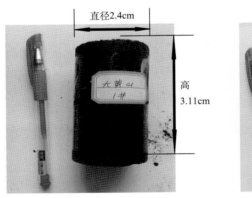

图 5-7　　实验煤样（DHS-01 和 DHS-02）

　　首先将样品装入岩心夹持器，建立模拟上覆压力，测量煤柱样的孔隙度，然后逐点加上覆压力（4 MPa、5 MPa、6 MPa、7 MPa、8 MPa、9 MPa、10 MPa、13 MPa、16 MPa、20 MPa），测量各上覆压力下的孔隙度。实验在室温 25℃条件下进行。另外为避免滑脱效应对煤样渗透率的影响，在实验过程中保持驱替压力不变。

5.3 数据处理

压汞实验在中国矿业大学煤层气资源与成藏过程教育部重点实验室完成，三轴应力应变实验均在中国矿业大学深部岩土力学与地下工程国家重点实验室完成，煤样的视密度和真密度分别依据 GB/T6949—1998、GB/T217—1996 标准委托江苏地质矿产设计研究院进行测试。

1）孔隙度计算

煤的孔隙度根据煤的真密度和视密度，计算公式如下：

$$\varphi = \frac{TRD - ARD}{TRD} \times 100\% \qquad (5\text{-}7)$$

式中：φ——孔隙度，%；

TRD——真密度，g/cm^3；

ARD——视密度，g/cm^3。

2）孔径结构划分

孔容与表面积统计依赖于孔径结构的划分。国内外研究者基于不同的研究目的和不同的测试精度，对煤的孔径结构划分做过大量的研究工作。其中，国内煤炭工业界应用最广泛的是 Ходот（1961）的十进制分类系统（表5-2）。Gan 等（1972）和 IUPAC 国际理论与应用化学联合会（转引自 Walker，1988）基于煤吸附特性的分类系统则较普遍地见于国外煤物理和煤化学文献。此外，秦勇等（1995）还开展过高煤级煤孔隙结构的自然分类研究。傅雪海等（2005）基于煤层气的运移特征，进行过煤孔径结构的分形分类与自然分类研究。

表 5-2 煤孔径结构划分方案比较

Ходот （1961）	Dubinin （1966）	IUPAC （1978）	Gan （1972）	吴俊 （1991）	杨思敬 （1991）
微孔，<10	微孔，<2	微孔，<2	微孔，<1.2	微孔，<5	微孔，<10
过渡孔，10~100	过渡孔，	过渡孔，	过渡孔，	过渡孔，5~50	过渡孔，10~50
中孔，100~1000	2~20	2~50	1.2~30	中孔，50~500	中孔，50~750
大孔，>1000	大孔，>20	大孔，>50	粗孔，>1000	大孔，500~7500	大孔，>1000

注：直径单位为 nm

煤孔隙大小相差 6~7 个数量级，最大孔径达到毫米级（$mm/10^{-3}m$），最小孔径小于 1 纳米（$nm/10^{-9}m$）。本次孔容与表面积依据 Ходот（1961）对煤的孔径结构划分，分别对大孔（$d>1000$ nm）、中孔（1000 nm$>d>100$ nm）、过渡孔（100 nm$>d>10$ nm）和微孔（10 nm$>d>7.2$ nm）进行煤比孔容和比表积分布的统计。

3）弹性模量、泊松比以及体积模量和应变计算

弹性模量是材料在弹性范围内应力与应变的比值，在力学上反映材料的坚固性，由单向加压的应力-应变曲线可得到杨氏模量，由三轴力学实验可得到静态弹性模量，公式为（刘建中等，1993）

$$E = \frac{\sigma_1(\sigma_1 + \sigma_3) - \sigma_2}{(\sigma_1 + \sigma_3)\varepsilon_1 - (\sigma_2 + \sigma_3)\varepsilon_2} \tag{5-8}$$

式中：　E——弹性模量；

σ_1、σ_2、σ_3——三轴压力，σ_1 表示垂向压力，实验中指轴压；σ_2、σ_3 表示水平压力，
　　　　实验中指围压，$\sigma_2 = \sigma_3$；

　　ε_1——垂向应变，实验中指轴向应变；

　　ε_2——横向应变，实验中指平均径向应变（两个水平方向应变的平均值）。

煤层裂缝发育对煤岩弹性模量（E）影响甚大，力学分析表明裂缝的宽度基本上与弹性模量成反比关系。

泊松比（υ）是岩石在受轴向压缩时，在弹性变形阶段，横向应变与纵向应变的比值。三轴力学实验计算泊松比的公式如下（刘建中等，1993）：

$$\upsilon = \frac{\sigma_2\varepsilon_1 - \sigma_1\varepsilon_2}{(\sigma_1 + \sigma_3)\varepsilon_1 - (\sigma_2 + \sigma_3)\varepsilon_2} \tag{5-9}$$

式中：　υ——泊松比；

　　其他符号同前。

泊松比是在确定上覆岩石垂直应力作用下，煤岩水平侧向应力大小的依据。

体积压缩系数是当温度一定时，围压每升高 1 MPa 所引起的体积相对变化的量度。体积压缩系数 C_V 表示为

$$C_V = -\frac{1}{V_{煤}}\frac{\mathrm{d}V_{煤}}{\mathrm{d}p} \tag{5-10}$$

式中：　$V_{煤}$——煤岩体的体积；

　$\mathrm{d}p$、$\mathrm{d}V_{煤}$——压力和体积的变化量。

压力和体积的变化方向相反，即压力增加，体积压缩；压力减少，体积膨胀。体积压缩系数与压力的量纲互为倒数，体积压缩系数的倒数为体积模量（K_V），即

$$K_V = \frac{1}{C_V} \tag{5-11}$$

实验中的体积应变率同围压微分的比值即为体积压缩系数，体积压缩系数随围压的变化而变化。

体积应变按照公式（5-12）来确定（刘泉声等，2014）：

$$\varepsilon_V = \varepsilon_1 + 2\varepsilon_3 \tag{5-12}$$

一般岩石的全程应力-应变曲线通常由压密阶段、线弹性阶段、非线性变形阶段和残余强度阶段（裂隙非稳定发展阶段）组成（赵阳升，1994）。地面煤层气开发过程中，煤岩体变形只涉及前两个阶段。

5.4 实 验 成 果

5.4.1 低煤级煤的孔隙度

煤中孔隙是指煤体未被固体物（有机质和矿物质）充填的空间，是煤的结构要素之一。傅雪海等（2007）认为，整体上，煤孔隙度的大小与煤级有关，其中以褐煤的孔隙度最高，一般为12%~25%；此外，煤的孔隙度亦与煤岩成分有关，一般丝炭的孔隙度比镜煤大3~4倍。

对26个低煤级煤样（$R_{o,max}$介于0.24%~0.65%之间）的测试结果显示，真密度值介于1.27~1.60 g/cm³之间，视密度分布在0.96~1.43 g/cm³（表5-3）。真密度在褐煤阶段略呈降低的趋势，在长焰煤阶段呈现增加的趋势（图5-8）。

表 5-3 低煤级煤孔隙度特征

采样地点	样号	$R_{o,max}$ /%	TRD /（g/cm³）	ARD /（g/cm³）	φ /%
珲春盆地	HC-01*	0.33	1.50	1.35	10.00
	HC-02*	0.40	1.60	1.32	17.50
黄陵	HL*	0.61	1.38	1.28	7.25
	HLR-01	0.24	1.42	1.18	16.90
	HLR-02	0.26	1.57	1.22	22.29
	HLR-03*	0.33	1.52	1.34	11.84
海拉尔盆地	HLR-04*	0.40	2.07	1.85	10.63
	HLR-05	0.42	1.39	1.04	25.18
	HLR-06	0.42	1.41	0.96	31.91
	HLR-07	0.42	1.38	1.10	20.29

续表

采样地点	样号	$R_{\mathrm{o,max}}$ /%	TRD / (g/cm³)	ARD / (g/cm³)	φ /%
陕北	SB-01*	0.55	1.43	1.31	8.39
	SB-02*	0.65	1.52	1.43	5.92
	TH-01	0.50	1.31	1.28	2.29
	TH-02	0.53	1.43	1.39	2.80
	TH-03	0.54	1.34	1.30	2.99
吐哈盆地	TH-04	0.54	1.42	1.36	4.23
	TH-05	0.55	1.36	1.30	4.41
	TH-06	0.56	1.35	1.28	5.19
	TH-08*	0.57	1.41	1.28	9.22
	TH-11*	0.65	1.46	1.26	13.70
伊犁盆地	YL-01*	0.45	1.46	1.26	13.70
	YL-02*	0.65	1.57	1.38	12.10
	ZGR-01	0.38	2.14	1.93	9.81
准噶尔盆地	ZGR-02*	0.40	1.46	1.34	8.22
	ZGR-05	0.59	1.27	1.26	0.79
昭通盆地	ZT*	0.30	1.59	1.30	18.24

注：*为收集的测试成果，分别摘自傅小康（2006）、苏现波等（2001）、陈鹏（2001）、谢勇强（2006）

低煤级煤样中的孔隙度介于 0.79%~31.91%之间，平均为 11.22%。整体上，孔隙度随着煤化程度的增加而减少，褐煤普遍高于长焰煤（图 5-9）。

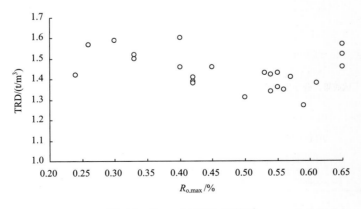

图 5-8　$R_{\mathrm{o,max}}$ 与 TRD 的关系

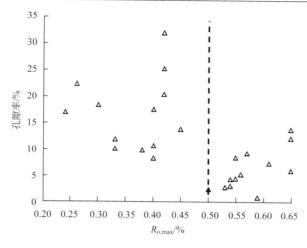

图 5-9　$R_{o,max}$ 与 φ 的关系

对两组煤化程度相同的煤（$R_{o,max}=0.42\%$ 和 $R_{o,max}=0.65\%$）对比研究显示，煤化程度较低时，腐殖组/镜质组含量越高，孔隙度越大；随着煤化程度的增加，惰质组含量越高，孔隙度越大（表 5-4）。但煤岩组分的影响弱于煤化程度的影响。

表 5-4　对比煤样煤岩、煤质测试结果

样号	$R_{o,max}/\%$	$\varphi/\%$	$A_d/\%$	煤岩显微组分/%		
				腐殖组/镜质组	惰质组	稳定组/壳质组
HLR-07	0.42	20.29	9.41	65.88	28.89	5.23
HLR-05	0.42	25.18	6.48	84.77	8.43	6.80
HLR-06	0.42	31.91	8.13	82.53	14.06	3.41
SB-02*	0.65	5.92	5.50	55.11	26.62	18.27
YL-02*	0.65	12.10	4.92	14.29	79.18	6.54
TH-11*	0.65	13.70	2.38	6.34	87.51	6.14

注：煤岩组分鉴定结果采用去矿物基，即腐殖组/镜质组（含半镜质组）+惰质组+稳定组/壳质组=100%；
*为收集的测试成果，分别摘自傅小康（2006）、苏现波等（2001）、陈鹏（2001）、谢勇强（2006）

5.4.2　低煤级煤的孔径结构

煤的孔径结构是研究煤层气赋存状态、气、水介质与煤基质块间物理、化学作用以及煤层气解吸、扩散和渗流的基础。煤中的大孔和中孔有利于甲烷气体的运移；而小孔和微孔则与甲烷的吸附能力有关。

表 5-5　低煤级煤孔容结构特征

样号	$R_{o,max}$/%	比孔容 / ($\times10^{-4}$cm^3/g)					孔容比 /%			
		V_1	V_2	V_3	V_4	V_t	V_1/V_t	V_2/V_t	V_3/V_t	V_4/V_t
HLR-01	0.24	869	808	894	135	2706	32.11	29.87	33.03	4.99
HLR-02	0.26	1668	857	536	139	3200	51.00	24.22	19.98	4.80
YN-02*	0.35	886	3628	695	120	5328	16.60	68.10	13.00	2.30
SX*	0.36	325	92	21	582	1020	31.90	9.00	2.10	57.00
YN-01*	0.37	41	248	152	709	1520	2.71	16.30	10.00	46.60
DY*	0.4	360	334	241	725	1660	21.70	20.10	14.50	43.70
WQ	0.41	383	188	320	72	963	39.79	19.51	33.26	7.44
HLR-05	0.42	58	341	2050	441	2890	1.99	11.80	70.95	15.26
HLR-06	0.42	273	1069	2388	316	4047	6.75	26.42	59.01	7.82
HLR-07	0.42	162	296	1738	367	2563	6.25	11.56	67.86	14.33
SD*	0.45	715	181	47	357	1300	55.00	13.90	3.60	27.50
TH-01	0.5	201	79	187	114	581	34.60	13.60	32.20	19.60
NM-ZGR1*	0.53	236	277	411	98	1022	23.09	27.10	40.22	9.59
TH-02	0.53	203	38	178	93	512	39.60	7.40	34.80	18.20
TH-03	0.54	191	21	177	96	485	39.40	4.30	36.50	19.80
TH-04	0.54	234	23	144	58	459	51.00	5.00	31.40	12.60
TH-05	0.55	212	58	212	80	562	37.70	10.30	37.70	14.20
NM-ZGR2*	0.56	583	658	394	82	1717	33.95	38.32	22.95	4.78
TH-06	0.56	222	16	238	164	640	34.70	2.50	37.20	25.60
NM-ZGR3*	0.57	446	165	50	99	760	58.70	21.70	6.60	13.00
NM-ZGR4*	0.58	176	353	328	74	931	18.90	37.92	35.23	7.95
FX*	0.59	751	128	31	150	930	80.70	13.80	3.30	16.00
ZGR-05	0.59	218	68	210	90	586	37.20	11.60	35.80	15.40
XJ-01*	0.62	273	94	26	37	430	63.60	21.90	6.00	8.50
XJ-02*	0.62	306	212	56	96	670	45.70	31.60	8.30	14.40
TF	0.64	120	26	317	146	609	19.70	4.30	52.00	24.00

注：　NM-ZGR—内蒙古准格尔，YN—云南宜良，SX—山西平朔，SD—山东黄县，XJ-01*—新疆白杨河，XJ-02*—新疆乌鲁木齐，FX—辽宁阜新，DY—内蒙古大雁；V—比孔容；V_1—大孔（$d>1000$nm），V_2—中孔（1000nm$>d>100$nm），V_3—过渡孔（100nm$>d>10$nm），V_4—微孔（10nm$>d>7.2$nm）；V_t—总孔容；

*为收集的测试成果，分别摘自傅小康（2006）、苏现波等（2001）、陈鹏（2001）、谢勇强（2006）

对 26 个低煤级煤样（$R_{o,max}<0.65\%$）的压汞实验测试表明，褐煤总比孔容介于 0.06~0.53 cm³/g 之间，平均为 0.23 cm³/g，大孔、中孔、过渡孔、微孔分别占 25.03%、22.03%、29.96%、20.95%；长焰煤总比孔容介于 0.04~0.17 cm³/g 之间，平均为 0.07 cm³/g，其中大孔、中孔、过渡孔、微孔分别占 41.71%、16.98%、27.71%、14.57%（表 5-5 和表 5-6）。

褐煤总比表面积介于 9.01~61.77 m²/g 之间，平均为 29.68 m²/g，其中大孔、中孔、过渡孔、微孔分别占 0.59%、6.73%、54.99%、37.70%；长焰煤总比表面积介于 5.86~13.40 m²/g 之间，平均为 9.73 m²/g，其中大孔、中孔、过渡孔、微孔分别占 0.90%、2.13%、52.51%、45.14%（表 5-7 和表 5-8）。

表 5-6 低煤级煤比孔容特征表

煤类	比孔容/（×10⁻⁴cm³/g）				百分比/%					样数
	V_1	V_2	V_3	V_4	V_t	V_1/V_t	V_2/V_t	V_3/V_t	V_4/V_t	
HM	495	677	772	340	2315	25.03	22.03	29.96	20.95	12
CY	298	153	198	97	737	41.71	16.98	27.71	14.57	14

注：V_1—大孔（d>1000 nm）；V_2—中孔（1000 nm>d>100 nm）；V_3—过渡孔（100 nm>d>10 nm）；V_4—微孔（10 nm>d>7.2 nm），V_t—总比容积

表 5-7 低煤级煤比表面积特征

样号	$R_{o,max}$/%	孔比表面积/（m²/g）					百分比/%			
		S_1	S_2	S_3	S_4	S_t	S_1/S_t	S_2/S_t	S_3/S_t	S_4/S_t
HLR-01	0.24	0.0103	0.7639	39.9610	21.0317	61.7670	0.02	1.24	64.70	34.05
HLR-02	0.26	0.2186	1.0434	7.9674	6.5602	15.7897	1.50	7.14	49.41	41.95
YN-02*	0.35	0.0780	5.3720	8.7810	5.6510	19.8830	0.40	27.00	44.20	28.40
WQ	0.41	0.0180	0.3516	5.4949	3.4937	9.3582	0.19	3.76	58.72	37.33
HLR-05	0.42	0.0155	0.5622	36.2002	17.1270	53.9049	0.03	1.04	67.16	31.77
HLR-06	0.42	0.3326	1.5443	6.7481	5.1076	13.7325	2.42	11.25	49.14	37.19
HLR-07	0.42	0.0279	0.5371	36.0158	17.3967	53.9775	0.05	1.00	66.72	32.23
TH-01	0.50	0.0076	0.1250	3.5938	5.2873	9.0137	0.10	1.40	39.90	58.70
NM-ZGR1*	0.53	0.1840	0.4100	7.3700	4.4400	12.3500	1.50	3.30	59.70	36.00
TH-02	0.53	0.0074	0.0653	3.5100	4.2358	7.8185	0.10	0.80	44.90	54.20
TH-03	0.54	0.0038	0.0265	3.7141	4.4526	8.1970	0.00	0.30	45.30	54.30
TH-04	0.54	0.0074	0.0437	3.9888	1.8240	5.8639	0.10	0.70	68.00	31.10

续表

样号	$R_{o,max}$ /%	孔比表面积/（m²/g）					百分比 /%			
		S_1	S_2	S_3	S_4	S_t	S_1/S_t	S_2/S_t	S_3/S_t	S_4/S_t
TH-05	0.55	0.0063	0.0968	4.1067	3.7286	7.9384	0.10	1.20	51.70	47.00
NM-ZGR2*	0.56	0.6970	0.7700	6.6000	3.8000	11.2400	6.20	6.90	58.70	33.80
TH-06	0.56	0.0060	0.0240	4.7880	7.6260	12.4440	0.00	0.20	38.50	61.30
NM-ZGR3*	0.58	0.0820	0.6100	5.4700	3.4200	9.5100	0.90	6.40	57.50	36.00
ZGR-05	0.59	0.0051	0.1023	4.2323	4.2190	8.5587	0.10	1.20	49.50	49.30
TF	0.64	0.0030	0.0430	6.8790	6.4760	13.4010	0.00	0.32	51.33	48.35

注：S_1－大孔（d>1000 nm），S_2－中孔（1000 nm>d>100 nm），S_3－过渡孔（100 nm>d>10 nm），S_4－微孔（10 nm>d>7.2 nm），S_t－总比表面积；HM－褐煤，CY－长焰煤；

*为收集的测试成果，分别摘自傅小康（2006）、苏现波（2001）、陈鹏（2001）、谢勇强（2006）

表 5-8　低煤级煤比表面积特征表

煤类	孔比表面积/（m²/g）					孔比表面积/%				样数
	S_1	S_2	S_3	S_4	S_t	S_1/S_t	S_2/S_t	S_3/S_t	S_4/S_t	
HM	0.0886	1.2874	18.0953	10.2069	29.6783	0.59	6.73	54.99	37.70	8
CY	0.1002	0.2192	5.0659	4.4222	9.7322	0.90	2.13	52.51	45.14	10

注：S_1－大孔（d>1000nm），S_2－中孔（1000nm>d>100nm），S_3－过渡孔（100nm>d>10nm），S_4－微孔（10nm>d>7.2nm），S_t－总比表面积；HM－褐煤，CY－长焰煤

　　煤的孔径分布和煤化程度有着密切的关系。傅雪海（2007）研究认为，在煤化作用早期阶段（$R_{o,max}$ <0.65%），即第一次煤化作用跃变期间，煤中芳环层细小，随机分布，孔隙发育。在机械压实和脱水作用下，孔隙体积迅速减少，尤其是大、中孔隙降至最低点。而微孔和小孔对这种作用相对于大、中孔而言有一定的滞后现象。对 26 个低煤级煤样（$R_{o,max}$ <0.65%）的研究认为，随煤化程度的增大，过渡孔、微孔对煤的总孔隙体积的贡献随之增大，大孔逐渐降低。整体上，褐煤总比孔容大于长焰煤（图 5-10），且大孔、中孔、过渡孔、微孔分布较为均匀，长焰煤中大孔、中孔占有较大比例（图 5-11）。褐煤的总比表面积远大于长焰煤，显著分布于过渡孔、微孔中。

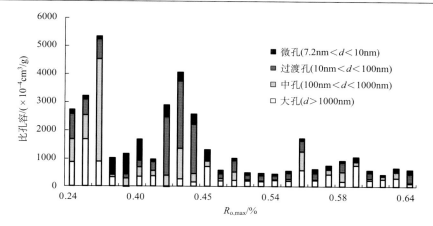

图 5-10 比孔容分布特征

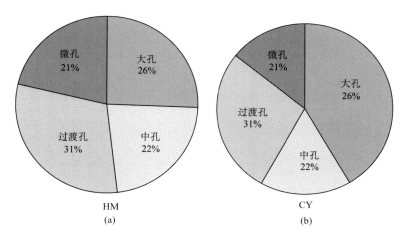

图 5-11 平均比孔容分布图

5.4.3 阜康气煤的孔径结构

本次采集阜康矿区气煤一号井（样品编号：QM-01、QM-02 和 QM-03）、大黄山（样品编号：DHS-1 和 DHS-2）以及鑫隆煤矿（样品编号：XL-01）原煤岩样品，其压汞总孔容介于（161~490）×10^{-4} cm³/g 之间（表 5-9），气煤一号井总孔容最大，大黄山煤矿总孔容最小，平均值为 378.5×10^{-4}cm³/g。煤样大孔孔容比例介于 15.37%~34.70%之间，平均为 20.43%；中孔孔容比例介于 4.33%~19.76%之间，平均为 10.24%；过渡孔孔容比例介于 27.48%~51.90%之间，平均为 34.79%；微孔孔容比例介于 12.53%~53.06%之间，平均为 34.38%。阜康整个矿区煤化程度较低，所测试的煤样孔隙结构主要以过渡孔和微孔为主，大孔所占比例也较高，中孔最小（图 5-12）。这样的孔隙结构为游离气的赋存提供了有利条件。

表 5-9　阜康矿区气煤比孔容测试数据

采样地点	比孔容/（10^{-4}cm³/g）					百分比 / %			
	V_1	V_2	V_3	V_4	V_t	V_1 / V_t	V_2 / V_t	V_3 / V_t	V_4 / V_t
QM-01	71	20	128	243	462	15.37	4.33	27.70	52.60
QM-02	72	29	130	242	473	15.22	6.13	27.48	51.17
QM-03	67	23	140	260	490	13.67	4.70	28.57	53.06
DHS-01	44	33	14	53	270	16.30	12.20	51.90	19.60
DHS-02	44	23	66	28	161	27.30	14.30	40.10	17.30
XL-01	144	82	137	52	415	34.70	19.76	33.01	12.53

注：V—孔容；V_1—大孔（$d>1000$ nm）；V_2—中孔（1000 nm$>d>100$ nm）；V_3—过渡孔（100 nm$>d>10$ nm）；V_4—微孔（10 nm$>d>7.2$ nm），V_t—总孔容

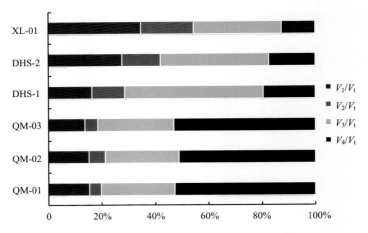

图 5-12　阜康矿区气煤样比孔容百分比分布图

　　孔比表面积的大小与孔容和孔径分布特征密切相关。阜康矿区气煤样孔隙总比表面积介于 2.62~24.11 m²/g 之间（表 5-10），平均为 12.92 m²/g。过渡孔比表面积比例介于 8.65%~51.74%之间，平均 30.62%；微孔比表面积比例介于 46.02%~91.16%之间，平均 68.39%，过渡孔和微孔的孔比表面积占据孔隙比表面积的主体部分，大孔及中孔比表面积所占比例较小（图 5-13）。这样的孔比表面积有利于煤样对气体的吸附。

表 5-10 阜康矿区气煤样孔比表面积测试数据

地点	孔比表面积/（m²/g）					比值/%			
	S_1	S_2	S_3	S_4	S_t	S_1/S_t	S_2/S_t	S_3/S_t	S_4/S_t
QM-01	0.005	0.038	2.635	19.844	22.522	0.02	0.17	11.70	88.11
QM-02	0.005	0.028	1.538	16.206	17.777	0.03	0.16	8.65	91.16
QM-03	0.004	0.044	2.852	21.212	24.112	0.02	0.18	11.83	87.97
DHS-01	0.003	0.064	2.732	2.481	5.280	0.06	1.21	51.74	46.99
DHS-02	0.003	0.039	1.266	1.313	2.621	0.11	1.49	48.30	50.10
XL-01	0.012	0.118	2.688	2.402	5.22	0.23	2.26	51.49	46.02

注：S—孔表面积；S_1—大孔（$d>1000$nm）；S_2—中孔（1000nm$>d>100$nm）；S_3—过渡孔（100nm$>d>10$nm）；S_4—微孔（10nm$>d>7.2$nm），S_t—总表面积

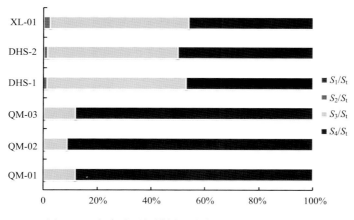

图 5-13 阜康矿区气煤样孔比表面积百分比分布图

　　本次阜康矿区煤岩样品通过汞侵入法实测孔隙度介于 4.27%~6.82% 之间，均值为 5.42%（表 5-11），各矿区相差不大，孔隙度相比较低，煤储层相对致密。排驱压力是煤岩中的湿润相流体被非湿润相流体开始排替所需的最低压力，饱和度中值压力对应的喉道半径是饱和度中值喉道半径。排驱压力越小、中值半径越大，孔渗性能越好。本次气煤实验样品的排驱压力分布在 0.009MPa~0.070MPa，中值孔径中等，反映出煤岩样品孔渗性能较好。

表 5-11　阜康矿区煤岩孔隙结构参数

样品编号	排驱压力/MPa	总进汞量/(mL/g)	总孔面积/(m²/g)	体积中值孔径/nm	面积中值孔径/nm	平均孔径/nm	φ/%
QM-01	0.020	0.0462	22.522	9.5	4.6	8.2	5.1879
QM-02	0.020	0.0473	22.489	9.9	4.6	8.4	5.2751
QM-03	0.070	0.0490	24.112	9.3	4.6	8.1	5.4732
DHS-01	0.040	0.0472	23.827	9.0	4.5	7.9	5.5176
DHS-02	0.060	0.0253	11.011	11.7	4.6	9.2	4.2725
XL-01	0.009	0.0606	22.790	18.8	4.6	10.6	6.8158

　　煤中有效孔隙包括开放孔和半封闭孔两种基本类型。根据压汞曲线"孔隙滞后环"特征，可对孔隙的连通性及其基本形态进行初步评价。开放孔具有压汞滞后环，半封闭孔则由于退汞压力与进汞压力相等而不具"滞后环"。但一种特殊的半封闭孔-细颈瓶孔，由于其瓶颈与瓶体的退汞压力不同，也可形成"突降"型滞后环的退汞曲线（傅雪海等，2007）。依据 "孔隙滞后环"理论，即进汞、退汞体积差（压力差）较大，滞后环宽大，退汞曲线微上凸，开孔较多，说明孔隙连通性较好。阜康矿区气煤样的压汞曲线形态显示进汞与退汞曲线均非常接近，并不同程度地出现了滞后环（图 5-14），总体反映煤样的半封闭孔较多，孔隙连通性相对较好的形态特征。

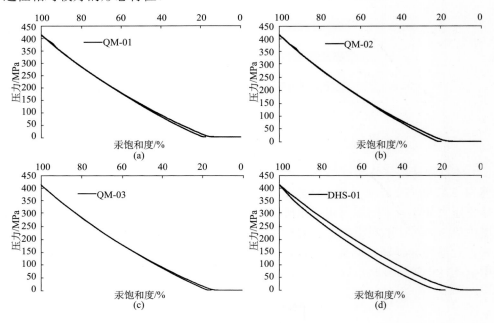

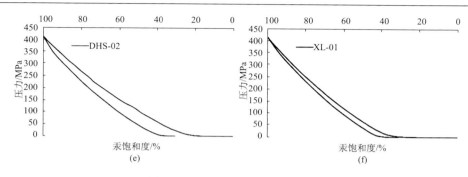

图 5-14 阜康矿区气煤样压汞曲线

5.4.4 应力下的孔隙特征

由于煤柱体被压缩时，煤孔、裂隙，甚至于煤大分子结构芳香层片亦被压缩。因此，海拉尔盆地 4 个褐煤样进行饱和水状态下的三轴力学实验，其应力-应变曲线见图 5-15。海拉尔盆地 4 个褐煤样的力学实验测试结果显示，弹性模量随应力的增加而逐渐增大（预压和最后压坏点除外，图 5-16），泊松比随应力的增加而逐渐减小（预压和最后压坏点除外，图 5-17），且弹性模量变化幅度大，泊松比变化幅度相对较少。体积应变随围压的增加而增大（图 5-18），体积压缩系数随围压的增加而呈对数形式减少（图 5-19），即

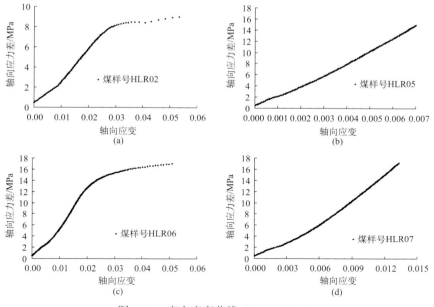

图 5-15 应力应变曲线（$\sigma_1 = 3.185\sigma_3$）

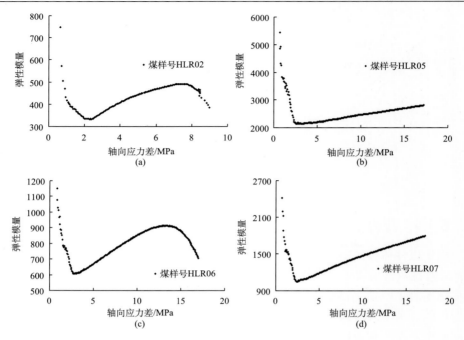

图 5-16　弹性模量与轴向应力差的关系（$\sigma_1 = 3.185\sigma_3$）

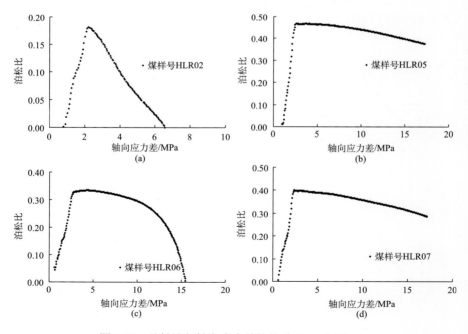

图 5-17　泊松比与轴向应力差的关系（$\sigma_1 = 3.185\sigma_3$）

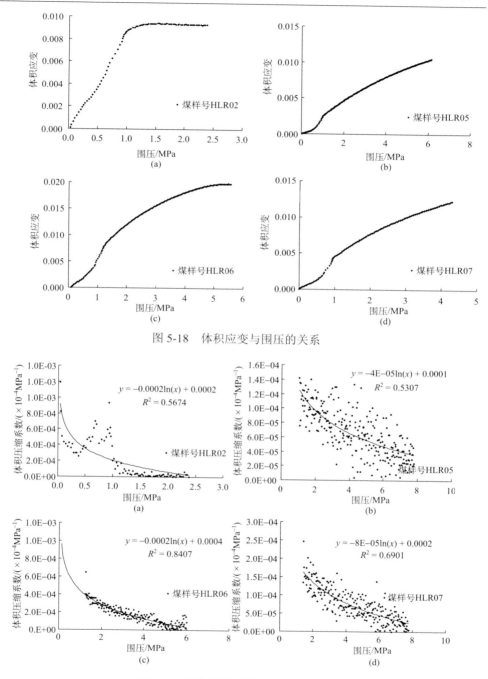

图 5-18　体积应变与围压的关系

图 5-19　体积压缩系数与围压的关系

$$C_V = a\ln(P_C) + b \qquad\qquad (5\text{-}13)$$

式中：C_V——体积压缩系数，MPa^{-1}；

　　　P_C——围压，MPa；

　　a、b——拟合系数。

阜康矿区大黄山煤样（DHS-01 和 DHS-02）在进行应力-应变测试时增加了径向应变。应力应变曲线反映了部分压密阶段和弹性阶段及部分塑性变形阶段，剔除了预压及压坏的部分（图 5-20）。测试结果反映出大黄山煤样的静态弹性模量随轴向应力的增加而逐渐增大（塑性变形阶段除外，图 5-21），泊松比随围压的增加而逐渐减小（图 5-22）。体积应变随围压的增加而增大（图 5-23），体积压缩系数随围压的增加基本呈对数形式减少（图 5-24）。总体上，弹性模量与泊松比的变化幅度均较小，受到煤岩的矿物组成、结构构造、风化程度、孔隙性、含水率、微结构面及其荷载方向等多种因素的影响（杨建中，2008）。在三向等压（8 MPa）的状态下，两个煤样的轴向应变均大于径向应变。

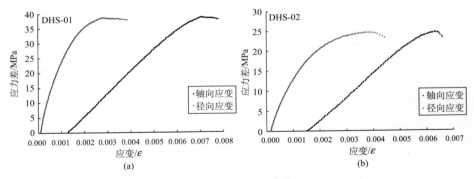

图 5-20　应力应变曲线

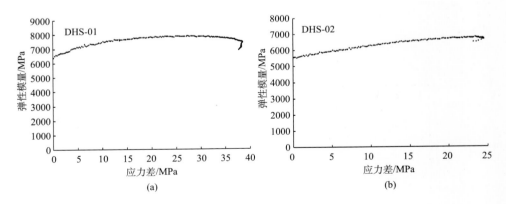

图 5-21　弹性模量与应力差的关系

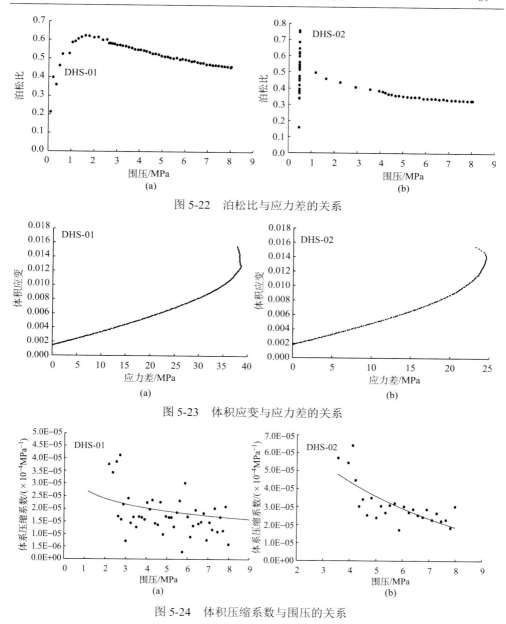

图 5-22 泊松比与应力差的关系

图 5-23 体积应变与应力差的关系

图 5-24 体积压缩系数与围压的关系

虽然海拉尔和阜康矿区的煤样采用的是不同型号的仪器来进行三轴力学实验，但两者的应力-应变曲线、弹性模量、泊松比、体积应变以及体积压缩系数均呈现了相同或相似的变化轨迹。总的来说，低煤化储层的弹性模量随应力的增加而逐渐增大，泊松比随应力的增加而逐渐减小，体积应变随围压的增加而增大，体积压缩系数随围压的增加而呈对数形式减少。这为后面章节游离气的数值计算奠定了可靠的参数基础。

　　对阜康矿区大黄山煤矿 1 号和 2 号的煤样（DHS-01 和 DHS-02）还进行了覆压下的孔隙度测试，以此分析覆压状态下孔隙度的演变轨迹。依据两块煤样在不同上覆压力下的孔隙度数据（表 5-12），编制了上覆压力与孔隙度的关系曲线（图 5-25、图 5-26），结果表明上覆压力由 3.64 MPa 升高至 20.20 MPa 时，DHS-01 煤样的孔隙度由 1.6% 逐渐降低至 0.3%（表 5-12、图 5-25）；DHS-02 煤样的孔隙度由 3.4% 降低至 1.6%（表 5-12、图 5-26）。总体反映出孔隙体积、孔隙度均随上覆压力的升高而减小的规律，符合前人对孔隙度与有效应力的研究（McKee et al.，1988；傅雪海等，2002），对实验结果进行回归分析，具体变化关系服从负指数函数关系，煤样 DHS-01 与 DHS-02 的关系式分别为

$$P_{\mathrm{s}} = 1.9349 \mathrm{e}^{-0.101\varphi} \qquad (5\text{-}14)$$
$$r = 0.9697$$
$$P_{\mathrm{s}} = 3.3937 \mathrm{e}^{-0.036\varphi} \qquad (5\text{-}15)$$
$$r = 0.9638$$

表 5-12　不同上覆压力下的孔隙度数据

样号	长度/cm	直径/cm	上覆压力/MPa	孔隙体积/cm³	孔隙度/%	压缩系数/MPa⁻¹	初始孔隙度/%
DHS-01	2.83	2.42	3.64	0.214	1.64	0.101	1.94
			5.12	0.180	1.38		
			6.06	0.134	1.03		
			7.14	0.103	0.79		
			8.13	0.095	0.73		
			9.21	0.090	0.69		
			10.24	0.082	0.63		
			13.14	0.067	0.51		
			16.11	0.072	0.40		
			20.20	0.036	0.28		
DHS-02	3.11	2.40	3.64	0.474	3.38	0.036	3.39
			5.08	0.379	2.70		
			6.01	0.368	2.62		
			6.95	0.361	2.58		
			8.07	0.344	2.45		
			8.91	0.342	2.44		
			10.10	0.319	2.28		
			13.14	0.296	2.12		
			16.18	0.277	1.98		
			20.10	0.230	1.64		

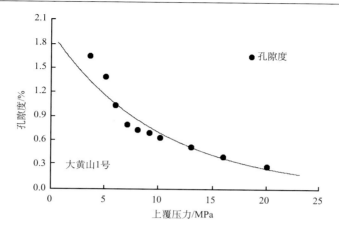

图 5-25   DHS-01 煤样在不同上覆压力下孔隙度变化关系曲线

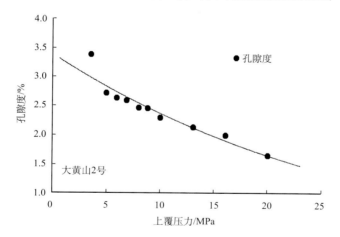

图 5-26   DHS-02 煤样在同上覆压力下孔隙度变化关系曲线

式中：P_s——上覆压力，MPa；

φ——孔隙度，%；

符合前人对孔隙度与有效应力之间关系的研究（吴凡等，1999；薛清太，2005），二者的关系式可综合表达为

$$\varphi_i = \varphi_0 \mathrm{e}^{-C_V \sigma_e} \tag{5-16}$$

式中：φ_i——给定应力条件下的孔隙度，%；

σ_e——从初始到某一压力状态下的压力变化值，MPa；

φ_0——初始压力为 0 时的孔隙度，%；

C_V——储层体积压缩系数，MPa^{-1}。

5.5　本　章　小　结

　　基于视密度、真密度、压汞和三轴力学试验，测试分析了采集煤样的孔径结构特征和应力应变特征，探讨了孔隙度与上覆压力的关系，揭示了覆压状态下孔隙度的演变轨迹。

　　（1）低煤级煤真密度介于 1.27~1.60 g/cm³ 之间，视密度分布在 0.96~1.43 g/cm³，真密度在褐煤阶段略呈降低的趋势，在长焰煤阶段呈现增加的趋势，孔隙度介于 0.79%~31.91% 之间，平均为 11.22%，且随煤化程度的增加而减少。

　　（2）褐煤总比孔容介于 0.058~0.53 cm³/g 之间，平均为 0.23 cm³/g，大孔、中孔、过渡孔、微孔分别占 25.03%、22.03%、29.96%、20.95%；长焰煤总比孔容介于 0.043~0.17 cm³/g 之间，平均为 0.074 cm³/g，大孔、中孔、过渡孔、微孔分别占 41.71%、16.98%、27.71%、14.57%。褐煤总比孔容大于长焰煤，且大孔、中孔、过渡孔、微孔分布较为均匀。阜康气煤样实测孔隙度介于 4.27%~6.82% 之间，煤中过渡孔和微孔比孔容平均占总比孔容比例的 70% 左右，大孔平均占 20% 左右，利于游离气的赋存；过渡孔和微孔的孔比表面积占总比表面积的 98% 以上，利于气体吸附。

　　（3）压汞实验表明低煤化储层煤的进汞和退汞曲线均不同程度地出现了滞后环，总体反映出开放孔隙的形态特征，孔隙连通性相对较好。

　　（4）低煤化储层的弹性模量随应力的增加而逐渐增大，泊松比随应力的增加而逐渐减小，且弹性模量变化幅度大，泊松比变化幅度少；体积应变随围压的增加而增大，体积压缩系数随围压的增加而呈对数形式减少。

6　三相态甲烷含量数值模拟研究

煤层气（甲烷）含量是煤层气开发的主要依据，由煤层水系统中的溶解气、煤储层宏观裂隙、显微裂隙、大孔（$d>1000$ nm）、中孔（100 nm $<d<1000$ nm）的游离气和过渡孔（10 nm $<d<100$ nm）、微孔（$d<10$ nm）中的吸附气共同构成。三种形式在煤层生烃量增大或外界条件改变时，可以相互转化（Ettinger et al., 1966；Crosdale et al., 1998）。其中，煤层气的赋存状态以吸附状态为主体，吸附气量占煤层气量的绝大多数（Ruppel et al., 1972；Yang et al., 1985；Malone et al., 1989；Pashin et al., 1989；Gayer et al., 1996）。但低煤级煤是煤化作用早期阶段形成的产物，其物质组成、化学结构和孔隙构成上均与中、高阶煤有较大的差异，这种差异性必定导致了煤层气赋存形式的差异。粉河盆地水溶气研究表明：承压水中气、水比例为 1.7∶12.4（Bustin et al., 1999）；埋深 200 m 左右，储层压力为 1.03 MPa，煤中水溶气含量为 0.02 m^3/t；地球物理测井估计此深度下的次生孔隙为 6%，次生孔隙内的甲烷饱和度为 35%，其煤储层内的游离气含量为 0.15 m^3/t；吸附气含量平均为 0.78 m^3/t；煤层总含气量介于 0.03~2.1 m^3/t 之间（Bustin et al., 1999；Scott et al., 2002；冯三利等，2003）。

6.1　煤层气含量的测试方法

煤层含气量测定方法目前为大多数人所接受的是美国矿业局（USBM）的直接法（Kissel et al., 1973）。我国在此基础上做了大量修改，由抚顺分院等单位制定了"煤层瓦斯含量和成分测定方法"（MT 77—84、MT 77—94）。我国新的煤层气含量测定方法（GB/T 19559—2008）与美国矿业局直接法相似。

1. USBM 直接法

USBM 直接法测定的煤层含气量是由三阶段实测气量构成，即逸散气量、解吸气量和残留气量。

逸散气量：指从钻头钻至煤层到煤样放入解吸罐以前自然析出的天然气量。这部分气体无法直接测得，通常依据前两小时的解吸资料推测。逸散气的体积取决于钻孔揭露煤层到把煤样密封于解吸罐的时间、煤的物理特性、钻井液特性、水饱和度和游离态气体含量。缩短取心时间是准确计算逸散气的有效途径之一，如采用绳索取心对于 600 m 的井深只需几分钟，这就大大降低了逸散气的体积。

不同物理特性的煤具有不同的解吸速率，如低煤级储层孔裂隙发育，造成逸散气体积大。

解吸气量：解吸气是指煤样置于解吸罐中在正常大气压和储层温度下，自然脱出的煤层气量。终止于一周内平均解吸气量小于 10 mL/d 或在一周内每克样品的解吸量平均小于 0.05 mL/d，实测的解吸气量只是总解吸气量的一部分，总解吸气量应包括逸散气量。

残留气量：是指充分解吸结束后残留在煤样中的煤层气量。将样品罐加入钢球后密封，放在球磨机上磨 2 h，然后按测试解吸气的程序测残留量。残留气或者是由于扩散速率极低所致，或者是在一个大气压下煤层气处于吸附平衡状态，不再解吸。根据 Diamond 等（1981）对美国 1500 个煤样的统计，残留气体积在低煤级储层中可占总含气量的 40%~50%，而中高变质烟煤的残留气仅占总含气量的 10%以下。

2. MT 77—84 解吸法

我国 MT 77—84 测定的煤层含气量由四部分组成，包括损失气量（V_1）、现场 2 h 解吸量（V_2）、真空加热脱气量（V_3）以及粉碎脱气量（V_4）。

国内外解吸气中损失气量（逸散气量）所指部分是相同的，但国内 2 h 解吸气量只是美国解吸气量的一部分，且不是在储层温度下进行的，尽管气体体积校正到标准状态，但不同温度条件下，煤层气的解吸速度不同。因此，由 2 h 解吸气量推算的逸散气量（损失气量）也存在差别。解吸温度低时，逸散气量（损失气量）偏少；解吸温度高时，逸散气量（损失气量）偏大。

在现场把出井的煤心或煤屑立即装罐密封，以样品罐密封起开始计时测量。解吸气量的测定及求取过程中需要进行准确的时间记录。包括：开始钻遇煤层时间（t_0）、开始取心时间（t_1）、开始起钻时间（t_2）、煤心提至井深一半时间（t_3）、煤心提出井口时间（t_4）、完成煤心封罐时间（t_5）、开始解吸时间（t_6）。要求煤心提出井口时间（t_4）与完成煤心封罐时间（t_5）间隔小于 15 min，密封时间与解吸时间间隔小于 2 min，现场解吸 2 小时后，停止解吸。

将经过 2 小时现场解吸测定的煤样，在密封状态下尽快送到实验室进行加热脱气，加热脱气后将煤样粉碎，再进行一次脱气（简称粉碎脱气）。即要经过以下两个步骤：

（1）加热脱气：开罐之前抽真空，加热至 95℃，一直进行到每半小时内脱出气量小于 10 mL 为止（一般持续 5 h 左右）。

（2）粉碎脱气：煤样密封在球磨罐中到球磨机上粉碎 4~5 h，使煤样粒度磨到 0.25 mm 以下，然后再进行抽真空、加热脱气 5 h 左右。

逸散气量（损失气量）与取心至样品密封解吸罐中所需时间有关，取心、装罐所需时间越短，则计算的逸散气量（损失气量）越准确。当逸散气量（损失气量）不超过总含气量的20%时，所测的含气量比较准确。

　　解吸气和逸散气（损失气量）是煤层气的可采部分。因此，准确测定逸散气（损失气量）至关重要。美国矿业局采用的直接法计算逸散气的理论依据是：煤体内的孔隙是球形的，且孔径的分布是单峰的，气体在孔隙中的扩散是等温的且服从菲克第一定律，所有孔隙中气体的初始浓度相同，球体的边界处浓度为零。则解吸最初几个小时释放出的气体与解吸时间的平方根成正比，总的解吸量可由下式表示：

$$V_{总} = V_1 + a\sqrt{t + t_0} \tag{6-1}$$

式中：$V_{总}$——总解吸量，mL；

　　　　V_1——逸散气量，mL；

　　　　a——系数；

　　　　t——解吸罐解吸时间，min；

　　　　t_0——逸散时间，min。

令$T_{总} = \sqrt{t + t_0}$，则上式写为

$$V_{总} = V_1 + aT_{总} \tag{6-2}$$

式中：实测解吸气量$V_2 = aT_{总}$。由此在解吸气量与时间的平方根图中（一般取前10个点），反向延长到计时起点，即可估算出逸散气量（图6-1）。

　　直接法的计时起点与钻井液类型有关，对于气相或雾相取心，假设取心筒穿透煤层即开始解吸，损失时间（逸散时间）为取心时间、起钻时间和样品到达地面后密封在解吸罐之前时间的总和。对于清水取心，假设当岩心提到距井口一半时开始解吸，这种情况下，损失时间为起钻时间的一半加上地面装罐之前的时间。

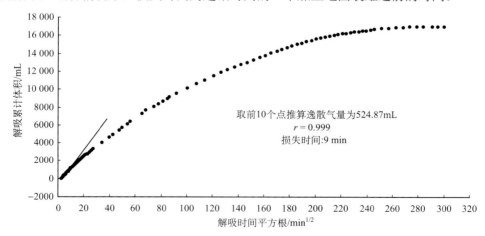

图6-1　逸散气量的估算（据傅雪海等，2007）

3. 史密斯-威廉斯法

计算逸散气量的直接法以单峰分布为前提，即假设所有孔隙大小都是相同的。1972 年以来，对煤层中甲烷扩散作用的研究表明，煤的孔隙结构为"双峰型"。测定逸散气量的史威法正是把这种双峰分布的孔隙结构作为前提，通过实验对比表明，双峰分布的孔隙扩散模型成功地说明了解吸特征。

史威法是史密斯和威廉斯（Smith et al.，1981）建立的，使用钻井岩屑测定煤层含气量。在井口收集钻屑装入解吸罐中，解吸方法与直接法相同。该方法假设岩屑在井筒上升过程中压力线性下降，直至岩屑到达地面，通过求解扩散方程，将其分解成两个无因次时间的形式：

$$STR = \frac{样品被密封的时间 - 岩心到达地表的时间}{样品被密封的时间 - 钻穿煤层的时间} \tag{6-3}$$

$$LTR = \frac{样品被密封的时间 - 钻穿煤层的时间}{样品被密封的时间 - 钻穿煤层的时间 + t_{25\%}} \tag{6-4}$$

式中：STR——表面时间比，无因次；

LTR——损失时间比，无因次；

$t_{25\%}$——实测被解吸出全部气体体积（STD）的 25% 所需的时间。

由两个无因次时间比得到校正因子（图 6-2），用校正因子乘以解吸气量即得到总含气量，总含气量减解吸气量，得逸散气量。逸散气量与总含气量的比值小于 50% 时，史威法是准确的，即校正因子最大值是 2。另外，虽然史威法是根据钻井岩屑解吸建立的，也适用于取心样品含气量的确定。

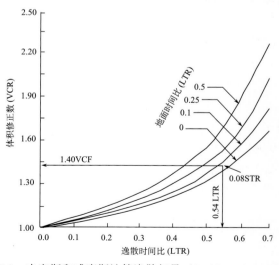

图 6-2　史密斯和威廉斯计算逸散气量（Smith et al.，1981）

无论是我国的 MT/T77—84 解吸法，还是美国矿业局的 USBM 直接法，在储层温度下进行很长时间的解吸气测定，由于低煤化储层的物性特征，解吸气量测定值偏低，尤其是初始几个点解吸气量低，由解吸气推算的损失气也就更低，且不测煤储层水中的水溶气，造成低煤化储层含气量测量值的严重失真。因此，三相态含气量的数值模拟是研究低煤化储层含气量的主要手段之一。

6.2 三相态饱和含气量预测的数学模型

6.2.1 吸附气

第一步：根据等温吸附实验所测得的各煤样的 Langmuir 常数，按 Langmuir 方程分别计算同一温度（等温吸附试验温度）、不同压力下的干燥无灰基饱和吸附气含量 $V_{测}$，即

$$V_{测} = \frac{V_{L}P}{P + P_{L}} \qquad (6-5)$$

式中：$V_{测}$——等温吸附试验温度、不同压力下的干燥无灰基（daf）饱和吸附气含量，m^3/t；

    P——流体压力，MPa；

    V_{L}——Langmuir 体积，$m^3/t(daf)$；

    P_{L}——Langmuir 压力，MPa(daf)。

第二步：根据不同埋深下储层温度对吸附气含量的影响程度，分别计算储层温度下的干燥无灰基饱和吸附气含量 $V_{储}$，即

$$V_{储} = V_{测} - \Delta V_{T} \times (T_{储} - T_{测}) \qquad (6-6)$$

式中：$V_{储}$——储层温度下干燥无灰基饱和吸附气含量，m^3/t。

    $T_{储}$——不同埋深下的储层温度，℃；

    $T_{测}$——等温吸附试验温度，℃；

    ΔV_{T}——对应温度区间吸附量的衰减梯度，$m^3/(t \cdot ℃)$。

低煤级煤吸附甲烷的物理模拟成果表明 $T_{储} < 35℃$，$\Delta V_{T} = 0.040\ m^3/(t \cdot ℃)$；$T_{测} > 35℃$，$\Delta V_{T} = 0.048\ m^3/(t \cdot ℃)$。

第三步：将干燥无灰基饱和吸附气含量据样品实测的煤质参数换算成空气干燥基煤储层不同埋深（温度、压力）下的饱和吸附气含量，即

$$V_{ad} = V_{储} \cdot \frac{100 - M_{ad} - A_{ad}}{100} \qquad (6-7)$$

式中：V_{ad}——不同埋深（温度、压力）下的原位饱和吸附气含量（ad，空气干燥基），%；

    M_{ad}——水分含量，%；

A_{ad}——灰分产率，%。

6.2.2　水溶气

水溶气含量的数值模拟据水溶甲烷溶解度物理模拟成果，插值得出储层条件下的甲烷溶解度（水溶气体积，m^3 甲烷/m^3 水），计算出不同埋深条件下煤层水中水溶气含量，即

$$V_W = \frac{V_{WV}}{\rho_W} \times W_{PT} \tag{6-8}$$

式中：V_W——水溶气含量，$V_{甲烷}/m_{煤}$，m^3/t；

V_{WV}——水溶气体积，$V_{甲烷}/V_{水}$，m^3/m^3；

ρ_W——煤层水密度，t/m^3，

W_{PT}——储层条件下煤的全水分含量（与平衡水分含量相当），%。

6.2.3　游离气

由马略特定律数值模拟游离气含量时，$\varphi_{剩余}$ 由式（6-9）计算得出：

$$\varphi_{剩余} = (\varphi - \varphi_{水分}) \times (1 - C_{压缩}) / \rho_{煤层} \tag{6-9}$$

式中：φ——孔隙度，%

$\varphi_{水分}$——水分占据的孔隙度，%，由式（6-10）实测含水量求出；

$C_{压缩}$——围压，即水平有效应力下的累计体积应变；

$\rho_{煤层}$——煤的视密度（ARD），t/m^3。

$$\varphi_{水分} = M_{ad} \times \frac{\rho_{煤层}}{\rho_{水}} \tag{6-10}$$

$C_{压缩}$ 可拟合得出，即

$$C_{压缩} = a\ln(\sigma_h) + b \tag{6-11}$$

式中：a、b——拟合系数。

1. 气压的计算

储层状态的气体压力由瓦斯压力梯度来推测，即

$$P_g = P_0 + \mathrm{grad}P_g(H - H_0) \tag{6-12}$$

式中：P_0——瓦斯风化带下限深度 H_0 处的瓦斯压力，一般为 0.15~0.20MPa，褐煤取 0.10 MPa；

H_0——瓦斯风化带下限深度，m；

H——煤层埋深，m；

$\mathrm{grad}P_g$——瓦斯压力梯度，MPa/m，一般取 0.20 MPa/100m。

2. 围压—水平有效应力计算

水平有效应力的大小由重力水平应力分量、构造应力、孔隙压力、热应力及收缩应力等耦合而成。假设煤岩体为均质、各向同性的线弹性体，忽略构造应力、温度和煤基质收缩应力，则水平有效应力即为重力应力在水平方向产生的应力分量（可由公式（6-13）得出）与孔隙流体压力之差，即

$$\sigma_{hv} = \lambda(\sigma_v - \alpha p) \approx \frac{\nu}{1-\nu}(\sigma_v - \alpha p) \tag{6-13}$$

$$\sigma_h = \sigma_{hv} - \alpha p \tag{6-14}$$

式中：σ_{hv}——垂直应力在水平方向产生的分应力，MPa；

　　　σ_h——水平有效应力，MPa；

　　　λ——侧压系数；

　　　σ_v——垂直应力，MPa；可由海姆公式得出，即

$$\sigma_v = \sum_{i=1}^{n} r_i h_i = \bar{r} H \tag{6-15}$$

　　　α——毕奥特系数；

　　　p——流体压力，包括气压（瓦斯压力）与水压（储层压力），MPa；

　　　ν——泊松比；

　　　r_i——某分层岩石密度，g/cm^3；

　　　h_i——某分层厚度，m；

　　　H——上覆地层厚度，m；

　　　$\bar{r}$——岩层平均密度，取 2.6 g/cm^3。

6.3　含气饱和度数值模拟

气体饱和度是指煤储层中气体体积与储层孔裂隙（孔隙与裂隙）体积之百分比。相应地，水饱和度，是指煤储层内全水分含量（用体积表示）与储层孔裂隙（孔隙与裂隙）体积之百分比；二者之和为 1。上述数学模型预测的是饱和状态下的相态含气量，事实上，原位煤储层在含水条件下，含气是不饱和的。

在常规油气领域，常用地球物理方法预测含气或含水饱和度，通过测井岩电参数解释含水饱和度是主要的预测手段。因为煤储层的孔裂隙空间中只存在气、水两相流体，所以可以用阿奇（Archie）经验公式（王贵文等，2000）计算煤储

层中的含水饱和度与含气饱和度：

$$S_w = \sqrt[n]{abR_{WC} / \varphi_t{}^m R_t} \tag{6-16}$$

$$S_g = 1 - S_w \tag{6-17}$$

式中：S_w——煤岩中的含水饱和度，%；

　　　R_{WC}——煤层中的水电阻率，$\Omega \cdot m$；

　　　φ_t——煤岩的总孔隙度，%；

　　　R_t——煤岩电阻率，$\Omega \cdot m$；

　　　a——岩性附加导电性校正系数，变化范围 0.5~5；

　　　b——岩性润湿性附加饱和度分布不均匀系数，接近 1；

　　　m——胶结指数，孔隙曲折度越高，m 值越大，变化范围 1.5~3，一般取 2；

　　　n——饱和度指数，对饱和度微观分布不均匀的校正，一般取 2（斯伦贝尔公司，1979）；

　　　a、b、m、n 可通过煤岩的岩电实验获得，本文取常用的经验值。

　　煤岩中的水电阻率 R_{WC} 可在实验室直接测量，也可根据地层水分析中的导电离子的浓度通过图版法转化获得（表 6-1）。本书利用阿奇（Archie）经验公式计算煤储层的含水饱和度，进而求得含气饱和度。根据地层水分析中的离子浓度数据，通过图版法计算煤层中的水电阻率 R_{WC}（图 6-3）。

　　煤层水中所含的非 NaCl 盐类的含量不可忽略（表 6-1），先用"不同离子的换算系数"图版（图 6-3）求出煤层水中所含各种盐类离子的换算系数，然后分别乘以各离子的矿化度，最后算出各离子上述乘积的总和，即是该煤层水的等效 NaCl 溶液矿化度 P_{we}（表 6-2）：

$$P_{we} = \sum_i K_i P_i \tag{6-18}$$

表 6-1　阜康矿区气煤——CSD 井组煤层水检测数据

样品	阳离子质量浓度/(mg/L)			阴离子质量浓度/(mg/L)				矿化度
	Ca^{2+}	Mg^{2+}	Na^+	Cl^-	SO_4^{2-}	CO_3^{2-}	HCO_3^-	/(mg/L)
CSD-01（45#）	53.89	18.59	3329.80	2967.93	422.27	64.74	3314.67	8514.54
CSD-02（45#）	9.83	2.98	315.62	279.44	107.01	113.82	33.84	845.62
CSD-03（44#）	20.89	7.20	811.53	706.58	195.08	28.20	731.38	2135.19
CSD-04（42#）	38.50	8.70	599.56	558.88	144.87	0	605.51	1653.27

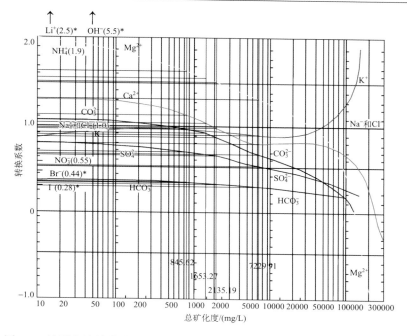

图 6-3　按混合液的总矿化度确定各种离子等效系数图版（李舟波等，2008）

式中：P_i，K_i——第 i 种离子的矿化度和等效系数。

此时将含非 NaCl 盐类的煤层水看作是 NaCl 溶液，即可用它的等效 NaCl 溶液矿化度在图版（图 6-4）上求出该煤层水电阻率。

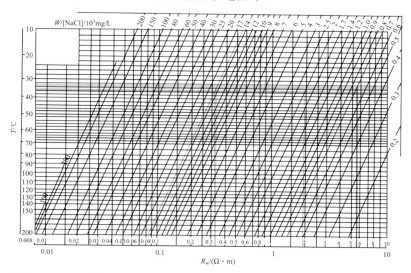

图 6-4　NaCl 溶液电阻率与其浓度和温度的关系图版（李舟波等，2008）

　　根据 CSD 井组测井数据显示的目标煤层埋深（表 6-3），利用阜康矿区的储层温度梯度计算出该埋深下的储层温度。结合该温度下的煤层水电阻率值，利用式（6-16）与式（6-17），求出 CSD 井组 45#、44#、42#煤层不同埋深下的含水及含气饱和度（表 6-3）。

　　计算结果表明，45#煤层在不同埋深下的含气饱和度相差不大，平均为72.76%；44#、42#煤层在不同埋深下的含气饱和度平均值分别为77.67%、65.25%（表 6-3），呈现随埋深的增加而增大的趋势。45#、44#、42#煤层含气饱和度相差不大，44#煤层稍高。

表 6-2　等效系数及等效总矿化度计算值

样品	离子	质量浓度/（mg/L）	等效系数	等效浓度/（mg/L）	等效总矿化度/（mg/L）
CSD-01（45#）	Na^++Cl^-	5718.71	1.00	5718.71	6612.57
	CO_3^{2-}	0	0.72	0	
	SO_4^{2-}	9.05	0.51	4.62	
	HCO_3^-	2905.53	0.29	842.60	
	Mg^{2+}	14.56	1.29	18.78	
	Ca^{2+}	34.82	0.80	27.86	
CSD-02（45#）	Na^++Cl^-	595.06	1.00	595.06	796.52
	CO_3^{2-}	113.82	0.90	102.44	
	SO_4^{2-}	107.01	0.68	72.77	
	HCO_3^-	33.84	0.31	10.49	
	Mg^{2+}	2.98	1.63	4.86	
	Ca^{2+}	9.83	1.11	10.91	
CSD-03（44#）	Na^++Cl^-	1518.11	1.00	1518.11	1903.16
	CO_3^{2-}	28.20	0.92	25.94	
	SO_4^{2-}	195.08	0.63	122.90	
	HCO_3^-	731.38	0.28	204.79	
	Mg^{2+}	7.20	1.52	10.94	
	Ca^{2+}	20.89	0.98	20.47	
CSD-04（42#）	Na^++Cl^-	1158.44	1.00	1158.44	1489.35
	CO_3^{2-}	0	0.86	0	
	SO_4^{2-}	144.87	0.64	92.72	
	HCO_3^-	605.51	0.31	187.71	
	Mg^{2+}	8.70	1.51	13.14	
	Ca^{2+}	38.5	0.97	37.35	

表 6-3　含气及含水饱和度综合计算表

井号	目标煤层	埋深/m	温度（℃）	等效总矿化度（mg/L）	煤层水电阻率/（Ω·m）	深侧向电阻率 RD/（Ω·m）	煤岩总孔隙度/%	含水饱和度/%	含气饱和度/%
CSD-01	45#	724.6~726.3	27.3	6612.57	0.90	5715.6	8.10	17.66	82.34
	45#	750.3~770.8	28.2	6612.57	0.85	8503.8	8.10	14.07	85.93
CSD-02	45#	926.7~944.2	32.4	796.52	5.70	5540.1	8.10	36.38	63.62
	45#	945.2~953.7	32.9	796.52	5.60	6540.1	8.10	33.03	66.97
CSD-03	45#	888.2~909.1	31.7	796.52	5.80	1000.4	8.10	27.44	72.56
	44#	968.3~974.2	33.4	1903.16	2.00	3026.9	11.97	24.48	75.52
	42#	981.2~983.8	33.7	1489.35	1.34	3253.3	7.77	29.78	70.22
CSD-04	44#	1028~1031	34.9	1903.16	1.80	28 905.8	11.97	7.52	92.48
	42#	1043~1048	35.3	1489.35	1.33	12 576.6	7.77	15.09	84.91
CSD-05	45#	784.5~804.7	29.0	796.52	6.00	6520.5	8.10	34.86	65.14
	44#	862.6~869.4	30.8	1903.16	2.20	1629.6	11.97	35.00	65.00
	42#	875.7~877.5	31.1	1489.35	1.36	830.4	7.77	59.38	40.62

注：煤层孔隙度数据来自阜康矿区地质报告。气煤储层含水量低，含气饱和度较高，平均值达到 70%。低煤级储层，尤其是褐煤储层含水量高，含气饱和度较低，可能不到 50%（没有收集到海拉尔盆地的测井岩电参数，未能进行褐煤储层含气饱和度的计算），预测的各相态含气量均是饱和状态的，原位三相态含气量要乘上含气饱和度

6.4　煤储层孔隙度数值模拟

阜康矿区煤孔隙度的物理模拟结果表明：煤储层孔隙度随有效应力的增加而降低，孔隙度随有效应力的增加成阶段性下降，压力较低时（3.6~7 MPa）下降幅度大；当压力较大时（7~20 MPa）下降幅度变小（表 5-12，图 6-5）。

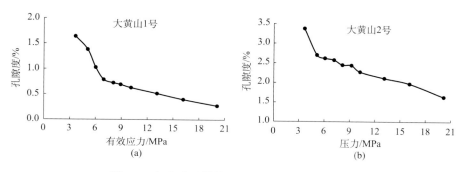

图 6-5　阜康矿区煤样孔隙度与有效应力关系图

在油田开发过程中人们发现随着储层中的流体被采出，储层的孔隙体积会发生缩小，引起岩石体积缩小，即储层具有可压缩性。造成这一现象的原因是，油气开采前上覆岩石压力、地层压力（地层孔隙流体压力）以及岩石骨架所承受的压力（有效应力）处于平衡状态，当油气被采出后，地层压力降低，有效应力增加，岩石骨架所承受的压力增大，岩石中的孔隙被压缩，表现为岩石被压缩（杨胜来等，2004）。

为了表示孔隙体积缩小与储层压力降低（有效应力增加）之间的关系，人们建立了岩石压缩系数 C_f 的概念（杨胜来等，2004）：

$$C_f = \frac{1}{V_b}\frac{\Delta V_p}{\Delta p} = -\frac{1}{V_b}\frac{\Delta V_p}{\Delta p_e} \qquad (6\text{-}19)$$

式中：C_f——岩石的压缩系数，MPa^{-1}；

　　　V_b——岩石的视体积，m^3；

　　　ΔV_p——油气储层压力降低时的孔隙体积缩小值，m^3；

　　　Δp——储层压力的变化量，MPa；

　　　Δp_e——有效应力的变化量，MPa。

表征储层孔隙压缩的另一种方法是使用孔隙压缩系数 C_p（杨胜来等，2004）：

$$C_p = \frac{1}{V_p}\frac{\Delta V_p}{\Delta p} = -\frac{1}{V_p}\frac{\Delta V_p}{\Delta p_e} \qquad (6\text{-}20)$$

式中：V_p——孔隙体积，m^3；

　　　其他符号与式（6-19）相同。

尼克拉耶夫斯基等基于岩石孔隙体积压缩系数研究，建立了将常压下实验室所测的岩石孔隙度 φ_c 转化为一定埋藏深度下地层孔隙度 φ 的公式（杨胜来等，2004）：

$$\varphi = \varphi_c e^{-C_p \Delta p_e} \qquad (6\text{-}21)$$

式（6-21）表明岩石的孔隙度随有效应力的增大成负指数减小。

煤储层孔隙度与有效应力之间的关系前人也做了大量研究（李相臣等，2009；胡雄等，2012；吕玉民等，2013；倪小明等，2014；汪岗等，2014；张崇崇等，2015），大多使用式（6-21）来描述煤储层孔隙度与有效应力之间的关系。但作者进行的阜康矿区煤孔隙度物理模拟结果表明，煤孔隙度随有效应力的增加并不是呈现出负指数形式下降，而是表现出两个不同的变化阶段，在有效应力小于 7 MPa 的情况下，孔隙度随有效应力的下降幅度大；当有效应力大于 7 MPa，煤储层孔隙度随有效应力增加降低的幅度减小（图 6-5）。

作者认为造成阜康矿区低煤化烟煤煤样孔隙度与有效应力的关系不同的原因是二者的孔隙结构不同，前文所述阜康矿区煤样的压汞测试结果表明，煤孔隙结构中大孔、中孔、过渡孔和微孔均有发育，主要由过渡孔和微孔构成。前人研究表明煤储层的孔隙体积变化主要包括：裂隙体积的变化、煤基质孔隙体积的变化以及由吸附-解吸引起的基质孔隙体积变化（李相臣等，2009）。当有效应力增大时，煤中不同孔径结构的孔隙体积都会收缩，但是大孔和中孔对有效应力更敏感，随着有效应力的增加，孔隙体积体积快速减小，而过渡孔和微孔的体积则随有效应力的增加缓慢降低，有效应力增大到一定程度时，大孔和中孔体积所占比例变得将会很少，煤中孔隙体积主要由过渡孔和微孔构成。

根据对有效应力的敏感程度不同，阜康矿区煤储层孔隙体积分为 V_{pa} 和 V_{pb} 两部分，其中 V_{pa} 部分对有效应力较敏感，V_{pb} 部分对有效应力敏感性相对较弱，相应地，煤储层孔隙度也由 φ_a 和 φ_b：

$$\varphi = \varphi_a + \varphi_b \tag{6-22}$$

式中：φ_a，φ_b——V_{pa}，V_{pb} 所对应的孔隙度，%。

阜康矿区煤储层孔隙度的物理实验表明，煤储层孔隙度与有效应力的关系呈现出两个不同阶段的变化规律，由上述假设可知，当有效应力较大时（大于 7 MPa）孔隙度与有效应力之间的关系主要是孔隙度 φ_b 与有效应力 p_e 的关系。因此利用有效应力为 7~20 MPa 范围内的物理模拟数据可以建立孔隙度 φ_b 与有效应力 p_e 之间的计算模型，然后使用此模型推算有效应力为 3~7 MPa 范围内 φ_b 的数据，再用总孔隙度 φ 减去推算而得到的 φ_b，就得到了 3~7 MPa 范围 φ_a 的数据了，然后再建立 φ_a 与有效应力 p_e 之间的计算模型（图 6-6）。大黄山 1 号煤样的孔隙度的计算模型如下：

$$\varphi_a = 1.178735（1-0.140661p_e） \tag{6-23}$$

$$\varphi_b = 1.424478\mathrm{e}^{-0.052347p_e} \tag{6-24}$$

式中：p_e——有效应力，MPa。

由于大气压力相对地层条件下的有效应力可以忽略，直接用有效应力表示有效应力与大气压力之差 Δp_e。大黄山 2 号煤样的孔隙度的计算模型如下：

$$\varphi_a = 2.183301（1-0.143001p_e） \tag{6-25}$$

$$\varphi_b = 3.058601\mathrm{e}^{-0.048734p_e} \tag{6-26}$$

其中，式（6-23）、式（6-25）可以表达为

$$\varphi_a = \varphi_{a0}（1-k_a p_e） \tag{6-27}$$

式中：φ_{a0}——V_{pa} 孔隙体积所对应的常温常压下所测的孔隙度，%；

k_a——系数。

式（6-24）、式（6-26）可以表达为

$$\varphi_b = \varphi_{b0}\mathrm{e}^{k_b p_e} \tag{6-28}$$

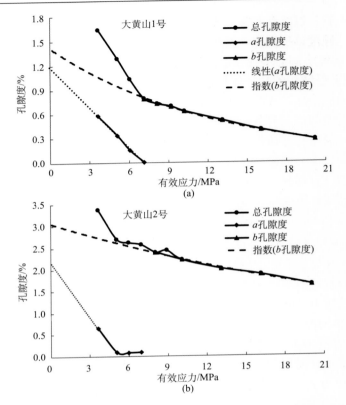

图 6-6　阜康矿区煤样（DHS-01 和 DHS-02）孔隙度计算模型的建模过程

式中：φ_{b0} 为 V_{pb} 孔隙体积所对应的常压下所测的孔隙度，k_b 为系数。需要特别说明的是，式（6-23）、式（6-25）、式（6-26）的使用范围是有效应力为 3~7 MPa，当有效应力大于 7 MPa 时 φ_a 的取值为 0。

　　上述各式中 φ_{a0}、φ_{b0}、k_a、k_b 利用物理模拟结果通过回归方法获得，煤样在常压下的孔隙度即为 φ_{a0} 与 φ_{b0} 之和，储层在其他任意有效应力下（小于 20 MPa）的孔隙度是各有效应力下 φ_a 与 φ_b 之和。

　　由式（6-23）~式（6-26）可以看出，虽然两个的煤样回归所得常压下孔隙度 φ_{a0} 与 φ_{b0} 都不相同，但是系数 k_a 和 k_b 却十分接近，由此表明，不同煤样的孔隙度有较大差异，但是孔隙度随有效应力的变化规律是相似的，不同煤样的孔隙度计算模型可以统一，即式（6-27）中 k_a 值可以设为常数 1.41，即式（6-28）中 k_b 值可以设为常数 –0.05。

　　利用计算模型所得大黄山 1 号煤样的孔隙度为 2.603%，其中 φ_{a0} 占总孔隙度的 45.28%；大黄山 2 号煤样的孔隙度为 5.242%，其中 φ_{a0} 占总孔隙度的 41.65%，因此，综合取常压测得孔隙度的 43% 为 φ_{a0}，其余的为 φ_{b0}，这样就可以利用常压下所测得的孔隙度，推算指定有效应力下的孔隙度。阜康矿区常压条件下测得孔隙度（根据真相对密度和视相对密度换算所得）大部分介于 7%~13% 之间，平均为 9.3%，磨盘沟煤矿和大黄山煤矿煤层孔隙度偏小，平均为 4.6%（表 6-4）。

表 6-4 阜康矿区煤层孔隙度特征表

煤矿名称	煤层	测定地点	真相对密度	视相对密度	孔隙度/%
气煤一井	45	副井+632m 轨道石门揭煤	1.35	1.25	7.40
		副井+517m 揭 45 煤层	1.40	1.29	7.90
		副井+450m 水平车场口	1.49	1.25	9.10
	44	副井+716m 迎头顶板钻孔	1.35	1.21	10.40
		副井+676m 迎头顶板钻孔	1.38	1.20	13.00
		副井+668 m 揭 44 煤层处	1.36	1.19	12.50
气煤一井	42	副井+764m 迎头顶板钻孔	1.46	1.36	6.80
		副井+703m 揭 42 煤层	1.39	1.26	9.40
		副井+694m 揭 42 煤层	1.42	1.32	7.10
磨盘沟煤矿	14-15	+650 水平西运输大巷	1.34	1.26	5.97
		+650 水平东运输大巷	1.34	1.28	4.48
大黄山煤矿	44	+799m	1.32	1.26	4.51
	43	+799m	1.31	1.24	5.70
	42	+810m	1.32	1.29	2.30
	41	+720m	1.30	1.24	4.60

6.5 煤层气溶解度数值模拟

根据计算煤储层水溶气含量的需求与气体溶解度计算方法的现状，作者考虑到煤层气的化学成分组成和煤储层的物理、化学条件，建立能满足煤储层水溶气含量计算的气体溶解度的解析计算模型。

煤层气组成中，CH_4 成分一般大于 80%，CO_2 含量小于 5%，N_2 含量 10% 左右，其中 CH_4 所占比例与 N_2 所占比例互为消长关系（李小彦等，2002）。晋城地区煤层气中 CH_4 成分含量在 92.24%~97.91%，重烃成分只有少量 C_2H_6，其含量为 0.04%~0.73%，CO_2 含量在 0.36%~3.03%，N_2 含量则在 1.26%~9.12%（郑贵强等，2009）。阜康矿区煤层气成分检测结果表明 CH_4 所占比例均在 90% 以上，N_2 含量最高占 6%，CO_2 含量最高占 3.7%（表 6-5）。通常情况下煤层气中的重烃含量不足 1%，阜康矿区煤层气成分检测结果表明煤层气成分中重烃含量也不足 1%（表 6-5）。且煤层气成分中各种气体溶解度关系为：$CO_2 > C_1 > N_2 > C_2 > C_3 > C_4$，所以储层水中溶解的重烃也不足溶解气体的 1%。因此，本次气体溶解度的建模中不考虑重烃成分，只考虑 CH_4、N_2、CO_2 三种气体成分。不同气体在电解质溶液中的溶解度取决于某一气体组分的分压而不是系统压力。因此，本书分别建立 CH_4、N_2、CO_2 气体溶解度计算模型，当计算由各种气体组成的煤层气的溶解度时，根据体系压力和成分组成，计算每一气体组分的分压，然后代入各自的计算模型，最后煤层气的溶解度为各气体组分溶解度之和。

表 6-5　阜康矿区煤层气成分分析结果

取样地点	检测日期	CH_4/%	N_2/%	CO_2/%	C_2H_6/%	C_3H_8
CSD01 井 45 煤层	2013/11/19	96.00	0.29	3.70	0	87ppm
CSD01 井	2013/4/17	97.68	0.46	1.86	0	—
焦煤 1 号	2013/4/17	94.91	2.90	2.19	0	—
CSD01 井	2014/6/20	92.64	6.00	0.61	0.68	0.07%
气煤 1 号井	2014/9/22	97.50	0.80	0.73	0.30	—

　　前人研究表明我国煤储层压力梯度一般小于 1 MPa/hm，只有少数地区大于 1 MPa/hm，最高的可达 1.20 MPa/hm。本次建模中储层压力的研究范围为 0~25 MPa 可以满足计算煤储层水溶气含量的要求，由于煤层气中 N_2 气含量一般小于 10%，则 N_2 的分压小于 2.5 MPa；若 CO_2 按 5% 算，其分压将小于 1.25 MPa。在较低压力下气体溶解度的建模较容易，一是气体溶解度随压力升高近似线性变大；二是溶解度数据来源多，获取方便，有现成的计算机软件可以计算溶解度数据。本次煤层气溶解度的建模分四部分完成：①0~3 MPa CO_2 溶解度计算模型；②0~3 MPa CH_4 溶解度计算模型；③0~3 MPa N_2 溶解度计算模型；④3~30 MPa CH_4 溶解度计算模型。前面 3 个计算模型所用数据以 Aspen Plus 软件计算为主，并使用实测数据进行核验。考虑到在较高压力情况下（大于 5 MPa），当温度大于 80℃时，气体溶解度随温度的变化情况比较复杂，结合煤储层的温度条件，本次建模中前面 3 个模型的温度范围为 10~80℃，第 4 个模型的温度范围为 20~80℃。

　　本次建模采用与前人不同的思路，一方面针对不同气体以及同一气体在不同压力范围溶解度的变化规律不同，采用区分气体成分和压力范围分别建模，这样建模过程较为简单，又可以提高模型计算的精度。与前人所建立的气体溶解度回归模型（一般是将气体溶解度表达为包含温度、压力和矿化度的多元高次方程）

不同，本次建模首先建立某一气体组分在某一温度、不同压力下的气体溶解度计算模型，然后计算该气体在其他系列温度下溶解度与压力的关系式，再分析这一系列关系式的参数与温度的关系，用温度表达这些参数的变化，最后根据矿化度对气体溶解度的影响，对气体溶解度进行不同矿化度条件下的校正。

1. 0~3 MPa CO_2 溶解度计算模型

在 0~3 MPa 压力范围内，随压力的增大，CO_2 在水中的溶解度近似呈线性增加，不同温度下 CO_2 溶解度随压力的变化趋势十分相似（图 6-7），当用线性表达式 $S=kp$ 描述 CO_2 溶解度与压力的关系时，有一定误差，若采用抛物线描述二者的关系时，取得很好的效果，图 6-7 中的每条曲线均可以使用如下形式的抛物线描述：

$$S=k_2 p^2 + k_1 p \tag{6-29}$$

式中：S——气体在水中的溶解度，以气体在标准状况下的体积与液体的体积之比
表示，m^3/m^3；

    p——压力，MPa。

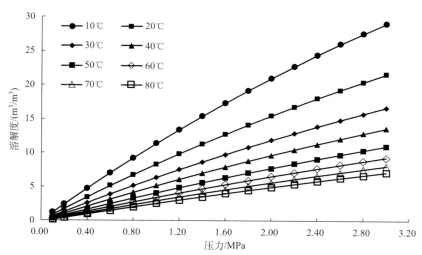

图 6-7　CO_2 在水中的溶解度量板（Aspen Plus 计算）

不同温度下的曲线对应不同的系数（表 6-6），系数 k_1、k_2 与温度有关，可以将二者分别表达为温度的关系式：

$$k_2 = 0.000003t^3 - 0.00058142t^2 + 0.04127995t - 1.17585136 \tag{6-30}$$

$$k_1 = -0.000031t^3 + 0.00633899t^2 - 0.48102683t + 16.31726929 \tag{6-31}$$

式中：t——温度，℃。

　　将式（6-30）和式（6-31）代入式（6-29）即得 0~3 MPa、10~80℃范围 CO_2 在水中的溶解度的解析计算模型。

　　在 0~3 MPa 压力范围内，当温度、压力一定，只有矿化度不同的情况下，气体的溶解度随矿化度的增加而呈近似线性降低（图 6-8），并且在不同温度、压力下，随着矿化度的升高，气体溶解度的降低幅度大致相等，即矿化度每增加 1 g/L，CO_2 的溶解度大约降低 0.035 m^3/m^3。因此，在 0~3 MPa 压力范围内，CO_2 在电解质溶液中的溶解度可以由下式计算：

$$S_e = S - mM_{矿} \tag{6-32}$$

表 6-6　不同温度下 CO_2 在水中溶解度计算模型系数

温度/℃	k_2	k_1	R^2
10	−0.824 820	12.177 350	0.999 999
20	−0.546 060	8.856 874	0.999 998
30	−0.376 427	6.709 921	0.999 998
40	−0.276 531	5.387 648	0.999 993
50	−0.193 627	4.260 641	0.999 974
60	−0.140 315	3.536 371	0.999 928
70	−0.099 009	2.997 273	0.999 819
80	−0.064 230	2.581 650	0.999 579

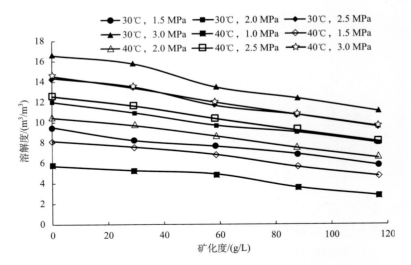

图 6-8　CO_2 在不同矿化度的 NaCl 溶液中的溶解度（Aspen Plus 计算）

式中：S_e——气体在电解质溶液中的溶解度，m^3/m^3；

　　　　S——气体在相同温度、压力条件下水中的溶解度，m^3/m^3；

　　　　$M_矿$——溶液的矿化度，g/L；

　　　m——比例系数，表示矿化度每增大 1 g/L，气体溶解度降低的量，L/g，即为图 6-8 中各曲线斜率的绝对值，此处取值 0.35 L/g。

　　至此，已经完成了压力 0~3 MPa、温度 10~80℃范围内 CO_2 在不同矿化度溶液中溶解度的解析计算模型。模型计算结果与实测值的误差一般在 1%~3%，最大相对误差不到 5%（表 6-7），可以满足煤层气中水溶气含量计算的要求。

表 6-7　CO_2 溶解度模型计算结果

温度/t	压力/MPa	矿化度/（g/L）	溶解度/（m^3/m^3）		相对误差/%
			实验值	计算值	
31	1.013	0.00	7.0081	7.1840	2.51
31	1.763	0.00	11.0737	10.7532	2.89
40	1.013	0.00	5.7509	5.8328	1.42
40	1.712	0.00	9.2902	9.1910	1.07
30	1.915	29.36	10.4280	10.5150	0.83
40	1.894	29.36	9.1891	8.9437	2.67
50	1.773	29.36	6.8194	6.8887	1.02
30	1.894	58.56	9.2775	9.3814	1.12
40	1.945	58.56	8.4697	8.3371	1.57
50	1.945	58.56	7.2473	7.4738	3.13
30	1.945	87.75	8.7851	8.6298	1.77
40	1.884	87.75	7.0585	6.8575	2.85
50	1.945	87.75	6.0147	5.7521	4.37

注：实测值根据顾飞燕（1998）中的实验值进行单位换算后所得

2. 0~3 MPa CH_4 溶解度计算模型

　　在 0~3 MPa 压力范围内，随压力的增大，CH_4 在水中的溶解度呈线性增加，不同温度下 CH_4 溶解度随压力增加均是线性增大，但增大的比例系数不同（图 6-9），用线性表达式 $S=kp$ 描述相同温度不同压力下 CH_4 溶解度与压力的关系，即可获得较高的精度（表 6-8）。

表 6-8　不同温度下 CH_4 在水中溶解度计算模型系数

温度/℃	k	R^2	温度/℃	k	R^2
10	0.3946	0.9983	50	0.2025	0.9993
20	0.3152	0.9986	60	0.1859	0.9995
30	0.2625	0.9989	70	0.1748	0.9996
40	0.2269	0.9991	80	0.1678	0.9996

系数 k 随温度升高而降低，可以将其表达为温度的关系式：

$$k=0.00005563t^2-0.00803512t+0.46099643 \tag{6-33}$$

则 0~3 MPa CH_4 在水中的溶解度计算式如下：

$$S_{CH_4}=(0.00005563t^2-0.00803512t+0.46099643)p \tag{6-34}$$

在 0~3 MPa 压力范围内，随着矿化度的增加 CH_4 溶解度降低。但矿化度对 CH_4 溶解度的影响与对 CO_2 溶解度不同，矿化度对 CH_4 的影响很微弱，甲烷在 15 g/L 的 NaCl 溶液中与在纯水中的溶解度相差不足 1%（表 6-9）。因此，在计算 CH_4 在 0~3 MPa 压力范围内的溶解度时，可以不考虑矿化度的影响。

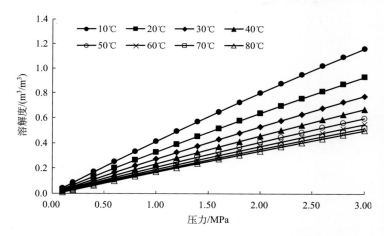

图 6-9　CH_4 在水中的溶解度量板（Aspen Plus 计算）

表 6-9　CH_4 在 40℃下不同矿化度 NaCl 溶液中的溶解度（Aspen Plus 计算）

压力/MPa	纯水	2 g/L	NaCl 溶液浓度		
			5 g/L	10g/L	15g/L
0.10	0.022 453	0.022 369	0.022 244	0.022 412	0.022 390
0.20	0.046 558	0.046 378	0.046 110	0.046 468	0.046 423
0.40	0.094 358	0.093 988	0.093 435	0.094 173	0.094 081

续表

压力/MPa	纯水	2 g/L	NaCl 溶液浓度		
			5 g/L	10g/L	15g/L
0.80	0.188 338	0.187 591	0.186 483	0.187 964	0.187 778
1.00	0.234 535	0.233 601	0.232 219	0.234 074	0.233 838
1.60	0.369 996	0.368 527	0.366 335	0.369 262	0.368 900
2.00	0.457 763	0.455 945	0.453 230	0.456 854	0.456 406
2.40	0.543 549	0.541 395	0.538 169	0.542 466	0.541 930
3.00	0.668 626	0.665 972	0.661 998	0.667 293	0.666 620

3. 0~3MPa N_2 溶解度计算模型

参照 0~3MPa CH_4 溶解度计算模型的建立过程，建立 0~3 MPa N_2 溶解度计算量板（图 6-10）与解析计算模型（表 6-10，式 6-35）。

表 6-10　不同温度下 N_2 在水中溶解度计算模型系数

温度/℃	k	R^2	温度/℃	k	R^2
10	0.179 347	0.999 747	50	0.108 103	0.999 909
20	0.149 765	0.999 792	60	0.102 102	0.999 916
30	0.130 248	0.999 835	70	0.098 251	0.999 843
40	0.117 061	0.999 876	80	0.096 003	0.999 582

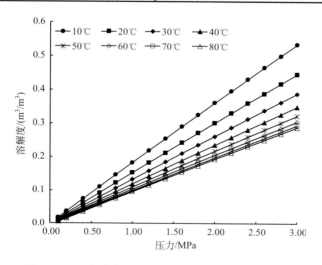

图 6-10　N_2 在水中的溶解度量板（Aspen Plus 计算）

$$S_{N_2} = (0.000\,021t^2 - 0.003001t + 0.204148)\,p \qquad (6\text{-}35)$$

在 0~3 MPa 压力范围内，矿化度对 N_2 的影响可忽略不计，在计算 N_2 在 0~3 MPa 压力范围内的溶解度时，可以不考虑矿化度的影响。

4. 3~30MPa CH_4 溶解度计算模型

在 3~30 MPa 压力范围内，随着压力的增大，CH_4 在纯水中及不同矿化度的电解质溶液中的溶解度均呈抛物线形式增大（图 6-11）。温度和矿化度相同，只有压力不同时，压力由 3 MPa 增至 10 MPa，CH_4 溶解度增大 3 倍左右；压力由 10 MPa 增至 30 MPa 时，CH_4 溶解度大致增大 2 倍，当压力增大时，CH_4 溶解度随压力而增大的梯度变小（图 6-11）。不同温度、不同矿化度下，CH_4 溶解度与压力的关系曲线十分相似，图 6-11 中的曲线用式（6-28）形式的抛物线描述可获得较高的精度，不同温度、不同矿化度下 CH_4 溶解度与压力关系的不同（表 6-11）。

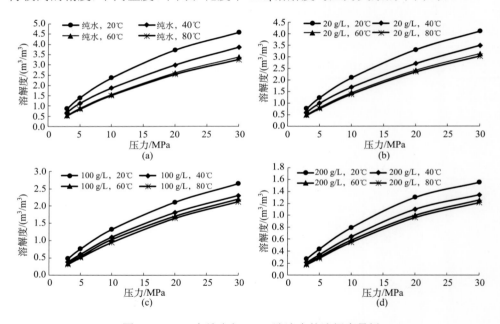

图 6-11　CH_4 在纯水与 NaCl 溶液中的溶解度量板

在 20℃~80℃温度范围内，甲烷在纯水及电解质溶液中的溶解度随温度的升高而降低，当温度由 60℃升高至 80℃时，甲烷的溶解度仅降低 3%左右，溶解度与压力关系几乎一致（表 6-11，图 6-11）。因此，本次建模中 60~80℃温度范围内 CH_4 溶解度计算统一采用 60℃下的计算式，这样做既可以在保证精度，同时简化了模型。不同温度、不同矿化度下，CH_4 溶解度与压力的关系系数 k_2、k_1 同时受温度和矿化度的影响，k_2、k_1 可以表达为温度和矿化度的函数：

$$k_2 = -4.5248\times10^{-7}t^2 + 6.669\times10^{-5}t - 3.5625\times10^{-8}M_溶^2 + 1.7275\times10^{-5}M_溶 - 4.8994 \quad (6\text{-}36)$$
$$k_1 = 2.2801\times10^{-5}t^2 - 3.3321\times10^{-3}t + 1.9647\times10^{-6}M_溶^2 - 1.1146\times10^{-3}M_溶 - 0.3126 \quad (6\text{-}37)$$

式中：t——温度，℃；

$M_溶$——溶液的矿化度，g/L。

将式（6-36）、式（6-37）代入式（6-29）即得 CH_4 在不同温度、压力、矿化度下溶解度的解析计算模型。

表 6-11　不同温度、不同矿化度下 CH_4 在水中和 NaCl 溶液中溶解度计算模型系数

矿化度		温度	k_2	k_1	R^2
纯水		20℃	−0.004 147 02	0.275 105 57	0.995 823 50
		40℃	−0.002 922 21	0.214 302 98	0.994 107 92
		60℃	−0.002 179 09	0.176 905 75	0.998 558 54
		80℃	−0.002 110 66	0.171 114 66	0.999 206 62
NaCl 溶液浓度	20g/L	20℃	−0.003 602 44	0.243 282 28	0.995 743 60
		40℃	−0.002 592 73	0.192 662 37	0.995 322 48
		60℃	−0.002 015 12	0.164 131 61	0.998 720 81
		80℃	−0.001 868 46	0.156 506 97	0.999 433 92
	100g/L	20℃	−0.002 140 50	0.151 630 21	0.997 174 05
		40℃	−0.001 603 46	0.124 463 76	0.998 949 42
		60℃	−0.001 381 46	0.114 431 97	0.999 195 88
		80℃	−0.001 170 00	0.105 821 66	0.999 967 49
	200g/L	20℃	−0.001 364 46	0.092 600 07	0.999 951 19
		40℃	−0.000 972 94	0.074 068 34	0.999 821 01
		60℃	−0.000 800 54	0.065 870 32	0.999 907 99
		80℃	−0.000 715 70	0.061 896 42	0.999 683 71

至此，已经完成了煤层气在储层条件下的溶解度解析计算模型，根据煤储层压力和煤层气的成分组成分别计算出 CH_4、N_2 和 CO_2 的分压，CO_2 溶解度采用式（6-32）模型计算，N_2 溶解度采用式（6-25）模型计算，CH_4 溶解度视其分压采用式（6-34）模型或式（6-36）、式（6-37）和式（6-29）模型计算。煤层气溶解度为 CH_4、N_2 和 CO_2 三种气体溶解度之和。

　　为了验证煤层气溶解度计算模型的可靠性,使用所建立的煤层气溶解度计算模型,逐一计算了与课题组之前实验中温度、压力、矿化度均相同,煤类相近条件下海拉尔盆地 CH_4 溶解度,模型计算值与实验值最大相对误差为 3.55%(表 6-12),总体上表现出模型的计算结果稍微偏大,主要原因是建模过程中没有考虑离子类型的影响,前人研究表明,相同矿化度下,当煤储层中 Ca^{2+}、Mg^{2+} 较高,煤层气在在储层水中的溶解度降低(傅雪海等,2004),本书建模是以气体溶于 NaCl 溶液为基础的,所以模型计算值略微偏大。

表 6-12　煤层气溶解度模型计算值与实验值对比

样品编号	矿化度/（g/L）	煤层水密度/（g/mL）	温度/℃	压力/MPa	溶解度/（m³/m³）		误差	相对误差/%
					实验值	计算值		
HLR-02	0.44	1.000 99	25	5	1.30	1.294	−0.01	0.48
			35	10	1.90	1.955	0.06	2.89
			45	15	2.32	2.337	0.02	0.73
			55	20	2.71	2.756	0.05	1.70
HLR-05	1.41	1.001 29	25	5	1.03	1.064	0.03	3.27
			35	10	1.60	1.655	0.06	3.44
			45	15	1.97	2.037	0.07	3.39
			55	20	2.16	2.156	0.00	0.17
HLR-06	1.62	1.001 12	25	5	1.05	1.064	0.01	1.30
			35	10	1.69	1.750	0.06	3.55
			45	15	2.07	2.037	−0.03	1.59
			55	20	2.34	2.356	0.02	0.69
HLR-07	1.65	1.001 02	25	5	1.17	1.194	0.02	2.02
			35	10	1.79	1.805	0.02	0.84
			45	15	2.20	2.237	0.04	1.67
			55	20	2.53	2.556	0.03	1.03

　　煤储层中水溶气含量是溶解在煤储层裂隙-孔隙水中的煤层气体积,煤层含气量一般用单位质量煤中所含气体体积(标准状况下)表示。煤层水溶气含量可以用下式计算:

$$V_W = S_\varphi \times S_水 / \rho_煤 \tag{6-38}$$

式中：V_W——水溶气含量，m^3/t；

$\quad S_\varphi$——煤层气溶解度，m^3/m^3；

$\quad S_水$——煤储层含水饱和度，无因次量；

$\quad \rho_煤$——煤的密度，t/m^3。

本书建立了不同温度、不同压力、不同矿化度、不同气体成分组成条件下煤层气溶解度的数值模拟方法、不同埋深下煤储层孔隙度的数值模拟方法以及煤储层含水饱和度的数值模拟方法，将它们代入式（6-38）即得煤储层水溶气含量的模拟方法。

6.6 实 例 分 析

6.6.1 海拉尔盆地

1. 地理概况

海拉尔盆地位于中国内蒙古自治区东北部,地理位置为东经 115°30′~120°00′,北纬 46°00′~49°20′。盆地总面积为 70 480 平方公里。其中，我国境内为 40 550 平方公里，其余在蒙古人民共和国境内。

盆地处在大兴安岭山脉西部的呼伦贝尔大草原上。其西、北、东三面被山地丘陵环绕。平均海拔在 600~700 米。海拉尔盆地是我国最高纬度地区之一，寒温带和中温带大陆气候特点显著。区内水系由海拉尔河-额尔古纳河水系及呼伦湖水系组成。有中、小湖泊 450 余个，其中以呼伦湖和贝尔湖最大。

2. 地层

海拉尔盆地的基岩由前兴安岭群组成，主要含煤地层大磨拐河组（表 6-13）含煤 8~17 层，可采煤层总厚 2.12~70.0 m。煤层厚度一般为 0.9~15 m，最大单层厚度达 40.33 m（伊敏地区）；伊敏组含煤 8~17 层，一般厚度 1.0~20 m，单层最大厚度 50.35 m，可采煤层 5~9 层，总厚度 7.26~110 m。盆内的煤类大多为褐煤，少部分地区为长焰煤、气煤和肥煤。

3. 构造

按槽台说的观点，海拉尔盆地为内蒙古大兴安岭海西褶皱带海拉尔复向斜中的次一级构造单元。按板块的观点，它是属于蒙古—大兴安岭岩浆弧上的一个断陷盆地。盆地的外形近于菱形。

表 6-13 海拉尔盆地地层简表

地层系统		主要岩性	厚度
上新统	呼查山组	为紫、灰色泥岩及黄褐色砂岩,与青元岗组呈不整合接触	39.8~83.5 m
	古新统		
上白垩统	青元岗组	以红色、棕色、灰绿色泥岩为主,夹砂岩,底部为灰白杂色砂岩,与伊敏组呈不整合接触	55.5~308.5 m
上侏罗统	伊敏组	以湖沼相沉积为主,可以划分成三段。一段为灰色泥岩、砂岩,边部断陷煤层发育,厚 250~320 m。二段亦为灰色泥岩,煤亦发育,厚度 200~350 m。三段以砂岩、砂砾岩、灰色泥岩为主,煤层没有一、二段发育	170~320 m
	大磨拐河组	为一套湖相沉积,可分成五段。一到三段为厚层黑色泥岩夹泥质粉砂岩及砂岩,个别断陷有薄层煤发育,厚度 350~400 m,与南屯组呈整合或不整合接触。四到五段为大段黑色泥岩夹少量砂岩,可夹煤层,与下段呈整合接触	370~450 m
	南屯组	为一套湖相沉积,多为下细上粗,可以分成二段。下段为黑色泥岩、灰白色砂岩、砂砾岩,局部夹油页岩,与铜钵庙组不整合接触。上段为灰色砂岩与黑色泥岩互层夹煤,厚 300~350 m。此套地层在全盆地断陷中都有分布	150~220 m
	铜钵庙组	为一套杂色砂砾岩,在贝尔、乌南、呼和湖断陷缺失,主要分布于扎和庙伊敏河断裂以北的红旗、赫尔洪德等断陷中,与下部地层呈不整合接触。此组地层可以按照岩性差异划分成上、中、下三段	500~800 m
	兴安岭群	以火山岩为主夹有沉积岩,与上、下地层呈不整合接触。自下而上可以划分成中酸性火山岩、火山岩夹煤和中基性火山岩三个岩性段	>1200 m
前兴安岭群		变质岩、泥岩、砂岩	

据现有资料分析,海拉尔盆地可进一步划分为五个一级构造单元和二十一个二级构造单元(图 6-12)。五个一级构造单元和大部分二级构造单元均呈北东方向展布。盆地的总体构造格局为坳隆相间。

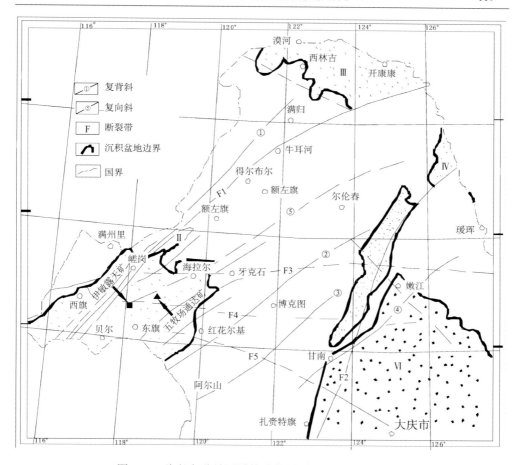

图 6-12　海拉尔盆地区域构造背景图（据大庆研究院）

复背斜：① 额尔古纳　② 兴安　③ 阿尔山　④ 富拉尔基

复向斜：⑤ 海拉尔

断裂带：F1 得尔布干　F2 嫩江　F3 海拉尔-逊克　F4 伊敏-雅鲁　F5 东旗-滨州

盆地：Ⅰ 海拉尔　Ⅱ 拉布达林　Ⅲ 漠河　Ⅳ 呼玛　Ⅴ 大杨树　Ⅵ 松辽

4. 煤层与煤岩、煤级特征

海拉尔盆地各断陷内普遍含煤，根据钻井资料，煤层最大累计厚度可达 119.7 m。呼伦湖及呼和湖的煤层，分布层位为伊敏组、大磨拐河组和南屯组，其中以伊敏组、大磨拐河组上部及南屯组上部最为发育。无钻井的区域主要靠二维或三维地震的解释来确定煤的深度、厚度和分布，呼和湖、呼伦湖凹陷煤层厚度最大，总厚超过 100 m，乌固诺尔凹陷煤层总厚为 43 m，乌尔逊南、五一牧场、东明、鄂温克、乌固诺尔、莫达木吉凹陷煤层总厚在 30 m 左右，查干诺尔、巴彦呼舒、伊敏、旧桥凹陷煤层总厚约为 20 m 左右，赫尔洪德、贝尔凹陷煤层总厚小于 5 m。

煤岩显微组成以腐殖组/镜质组为主，含量一般 80%~90%，稳定组/壳质组和惰质组含量大多在 10% 以下，仅个别样品稳定组/壳质组含量超过 10%（12%~15%），反映矿区中的煤均属腐殖煤。据钻井煤层的有机地化分析，可溶有机质饱和烃含量低，饱/芳比小，有机碳含量高（>30%），具腐殖煤的一般特性。

煤质为中-低灰、低硫、低煤化程度的褐煤，M_{ad} 介于 16%~21% 之间，A_{ad} 介于 20.9%~25.8% 之间，挥发分（V_{daf}）介于 37.66%~59.93% 之间，一般是 45% 左右，发热量（$Q_{ad,b}$）介于 14.6~26.8 MJ/kg 之间，容重为 1.2 t/m³。

综合前人研究测试资料，本区浅部（埋深小于 1000 m）煤的镜质体反射率 R_o 在 0.35%~0.50%，属于褐煤；深部（埋深介于 1000~2000 m 之间）R_o 在 0.50%~0.65%，属于长焰煤。

5. 三相态含气量模拟

海拉尔盆地恒温带深度约为 40 m，恒温带温度约为 15℃，按正常地温梯度 2℃/100 m，据我国煤田地质勘探抽水实验和我国煤层气井压力实测成果取压力系数为 0.8 MPa/100m；静水压力梯度取 0.98 MPa/100 m；设盆地瓦斯风氧化带深度约 400 m，瓦斯压力梯度为 0.20 MPa/100 m，风氧化带内的瓦斯压力，褐煤取 0.1 MPa。

1）吸附气含量

利用式（6-5）、式（6-6）和式（6-7）数值模拟得到海拉尔盆地不同煤样 400~2000 m 埋深范围内吸附气含量介于 0.46~5.14 m³/t 之间（表 6-14），采自伊敏露天矿 16

表 6-14　不同埋深下的甲烷吸附气含量

				400	600	800	1000	1200	1400	1600	1800	2000
	埋深 /m			400	600	800	1000	1200	1400	1600	1800	2000
	温度 /℃			22.2	26.2	30.2	34.2	38.2	42.2	46.2	50.2	54.2
	储层压力 /MPa			3.2	4.8	6.4	8.0	9.6	11.2	12.8	14.4	16.0
吸附气含量 /（m³/t）	HLR-02	25℃	daf	1.58	1.73	1.82	1.88	1.91	1.94	1.97	1.98	2.00
		储层温度	daf	1.69	1.67	1.57	1.43	1.28	1.12	0.95	0.77	0.60
			ad	1.30	1.28	1.20	1.10	0.98	0.86	0.73	0.59	0.46
	HLR-05	25℃	daf	4.82	5.45	5.83	6.09	6.27	6.41	6.51	6.60	6.67
		储层温度	daf	4.93	5.39	5.58	5.64	5.64	5.58	5.50	5.39	5.27
			ad	4.44	4.86	5.03	5.09	5.08	5.03	4.95	4.86	4.75
	HLR-06	25℃	daf	2.71	2.86	2.93	2.98	3.02	3.04	3.06	3.08	3.09
		储层温度	daf	2.82	2.80	2.68	2.54	2.38	2.22	2.04	1.87	1.69
			ad	2.48	2.46	2.36	2.23	2.09	1.95	1.79	1.64	1.48
	HLR-07	25℃	daf	5.25	5.95	6.37	6.65	6.85	7.01	7.13	7.22	7.30
		储层温度	daf	5.36	5.89	6.12	6.21	6.22	6.18	6.11	6.01	5.90
			ad	4.43	4.86	5.05	5.13	5.14	5.11	5.05	4.97	4.87

煤层 HLR-2 样的 $R_{o,max}$ 只有 0.26%，其吸附气含量较低，400~2000 m 埋深范围内吸附气含量介于 0.46~1.30 m^3/t 之间；采自五牧场通达矿的 HLR-5、HLR-6、HLR-7 煤样的 $R_{o,max}$ 为 0.42%，其吸附气含量较高，400~2000 m 埋深范围内吸附气含量介于 1.48~5.14 m^3/t 之间。HLR-2、HLR-6 煤样所在储层吸附气含量随埋深的增加而逐渐减少，HLR-5、HLR-7 煤样所在储层吸附气含量在埋深浅于 1000 m 时随埋深的增加而增大，在埋深深于 1000 m 后随埋深的增加而减少（图 6-13）。

2）水溶气含量

煤的原位水分含量与全水分含量、平衡水含量相当，本次模拟采用平衡水含量进行水溶气含量数值模拟。不同埋深下的矿化度采用海拉尔盆地煤层水矿化度与埋深关系进行推算。

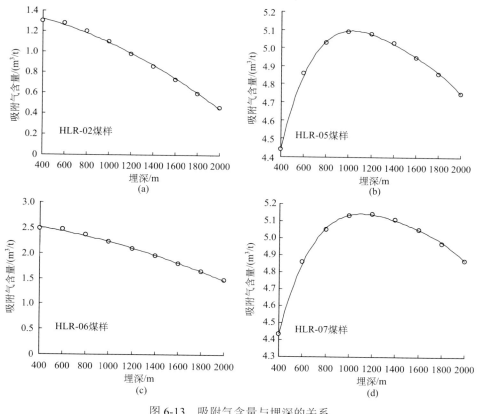

图 6-13 吸附气含量与埋深的关系

利用式（6-8）数值模拟得到海拉尔盆地褐煤储层 400~2000m 埋深范围内水溶气含量介于 0.19~1.29 m^3/t 之间（表 6-15）。伊敏露天矿 16 煤层（HLR-02）

的平衡水分含量达 48.62%，水溶气含量较高，400~2000 m 埋深范围内介于 0.57~1.29 m³/t 之间；五牧场通达矿煤层（HLR-05、HLR-06、HLR-07）平衡水分含量介于 21.67%~36.80%之间，水溶气含量较低，400~2000 m 埋深范围内介于 0.19~0.92 m³/t 之间。但所有煤样所在储层水溶气含量均随煤层埋深的增加而增大（图 6-14）。

　　3）游离气含量

　　不同埋深条件下的垂向应力由式（6-15）得出；据第五章三轴力学物理模拟可以得出，HLR-02、HLR-05、 HLR-06、 HLR-07 煤样平均的泊松比分别为 0.11、0.45、0.30、0.34（图 5-17），则水平有效应力由式（6-13）得出；累计体积应变由图 5-18 得出。将实测参数与模拟参数代入式（5-3），得出不同埋深下的游离气含量。海拉尔盆地低煤级储层中游离气含量随埋深的增加而增大（表 6-16、图 6-15）。伊敏露天矿 16 煤层（HLR-02）由于水分含量高，占据了煤中大部分孔裂隙，游离气含量很低，小于 0.04 m³/t；五牧场通达矿煤储层（HLR-05、 HLR-06、 HLR-07）游离气含量在 400~2000 m 埋深范围内介于 0.33~3.33 m³/t 之间。

表 6-15　不同埋深下的甲烷水溶气含量数值模拟成果

		400	600	800	1000	1200	1400	1600	1800	2000
	埋深 /m	400	600	800	1000	1200	1400	1600	1800	2000
	温度 /℃	22.2	26.2	30.2	34.2	38.2	42.2	46.2	50.2	54.2
	压力 /MPa	3.92	5.88	7.84	9.80	11.76	13.72	15.68	17.64	19.60
	矿化度 / (mg/mL)	1.87	2.65	3.43	4.21	4.99	5.77	6.55	7.33	8.11
HLR -02	溶解度 / (m³ 甲烷/m³ 水)	1.17	1.41	1.64	1.85	2.04	2.22	2.38	2.53	2.66
	水溶气/ (m³/t 煤)	0.57	0.69	0.80	0.90	0.99	1.08	1.16	1.23	1.29
HLR -05	溶解度 / (m³ 甲烷/m³ 水)	0.88	1.14	1.37	1.57	1.74	1.89	2.00	2.08	2.14
	水溶气/ (m³/t 煤)	0.19	0.25	0.30	0.34	0.38	0.41	0.43	0.45	0.46
HLR -06	溶解度 / (m³ 甲烷/m³ 水)	0.91	1.18	1.43	1.64	1.83	1.99	2.13	2.23	2.31
	水溶气/ (m³/t 煤)	0.26	0.34	0.42	0.48	0.53	0.58	0.62	0.65	0.67
HLR -07	溶解度 / (m³ 甲烷/m³ 水)	1.03	1.29	1.53	1.75	1.94	2.11	2.26	2.39	2.49
	水溶气/ (m³/t 煤)	0.38	0.48	0.56	0.64	0.72	0.78	0.83	0.88	0.92

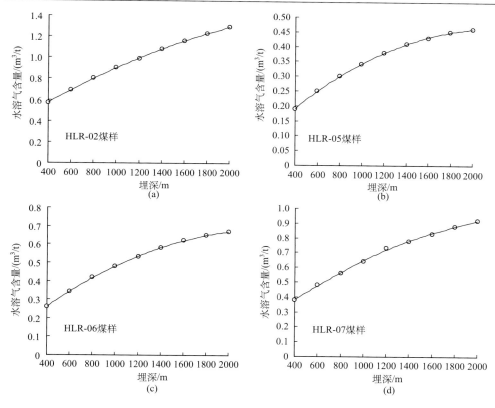

图 6-14　水溶气含量与埋深的关系

表 6-16　不同埋深下的甲烷游离气含量

	埋深 /m	400	600	800	1000	1200	1400	1600	1800	2000
	温度 /℃	22.2	26.2	30.2	34.2	38.2	42.2	46.2	50.2	54.2
	垂直应力/MPa	9.2	13.8	18.4	23.0	27.6	32.2	36.8	41.4	46.0
样号	储层压力/（水压）/MPa	3.2	4.8	6.4	8.0	9.6	11.2	12.8	14.4	16.0
	气体压力/MPa	0.1	0.5	0.9	1.3	1.7	2.1	2.5	2.9	3.3
	甲烷气体压缩系数	0.96	0.92	0.88	0.87	0.85	0.80	0.76	0.74	0.73
HLR-07	水平有效应力/MPa	3.04	4.38	5.72	7.06	8.40	9.74	11.08	12.42	13.75
	累计体积应变	0.090	0.010	0.010	0.011	0.012	0.013	0.014	0.015	0.016
	剩余孔隙体积/（m³/t）	0.082 64	0.089 91	0.089 91	0.089 82	0.089 73	0.089 64	0.089 55	0.089 46	0.089 37
	游离气含量/（m³/t）	0.08	0.44	0.82	1.18	1.55	2.01	2.49	2.92	3.33

续表

	水平有效应力/MPa	2.53	3.64	4.76	5.87	6.99	8.10	9.21	10.33	11.44
	累计体积应变	0.014	0.015	0.018	0.018	0.019	0.019	0.020	0.020	0.020
HLR-06	剩余孔隙体积/(m³/t)	0.028 99	0.028 97	0.028 88	0.028 88	0.028 85	0.028 85	0.028 82	0.028 82	0.028 82
	游离气含量/(m³/t)	0.03	0.14	0.26	0.38	0.50	0.65	0.80	0.94	1.07
	水平有效应力/MPa	4.83	6.95	9.08	11.21	13.34	15.46	17.59	19.72	21.85
	累计体积应变	0.0095	0.0100	0.0100	0.0100	0.0103	0.0110	0.0110	0.0110	0.0110
HLR-05	剩余孔隙体积/(m³/t)	0.033 70	0.033 68	0.033 68	0.033 68	0.033 67	0.033 65	0.033 65	0.033 65	0.033 64
	游离气含量/(m³/t)	0.03	0.16	0.31	0.44	0.58	0.75	0.93	1.10	1.25
	水平有效应力/MPa	0.73	1.05	1.37	1.69	2.01	2.34	2.66	2.98	3.30
	累计体积应变	0.003	0.008	0.009	0.009	0.009	0.009	0.009	0.009	0.009
HLR-02	剩余孔隙体积/(m³/t)	0.001 16	0.001 15	0.001 15	0.001 15	0.001 15	0.001 15	0.001 15	0.001 15	0.001 15
	游离气含量/(m³/t)	0.00	0.01	0.01	0.02	0.02	0.03	0.03	0.04	0.04

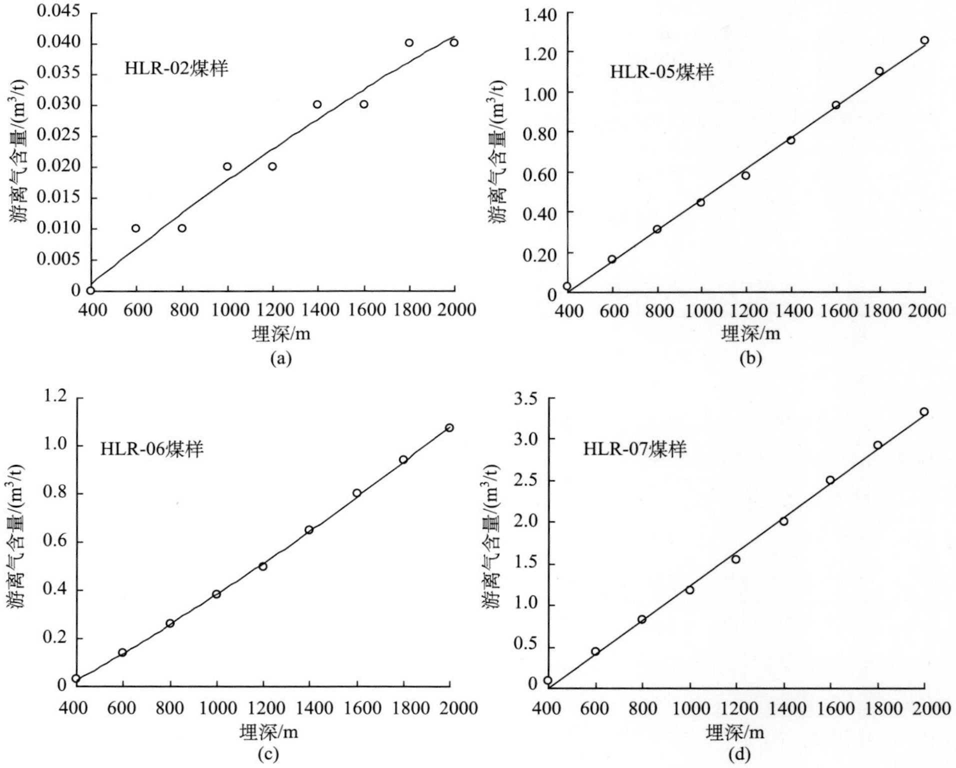

图 6-15　游离气含量模拟成果与埋深的关系

6.6.2 阜康矿区

1. 地理概况

阜康矿区位于新疆乌鲁木齐市东北 60km 处，在行政区划上属新疆昌吉回族自治州阜康市管辖。矿区位于阜康市南部，乌-奇公路（G216 线）及吐-乌-大高等级公路（S303 线）从矿区北部界外 8~13km 处通过，矿区内各矿有简易公路与它们相连接，交通比较便利（图 6-16）。

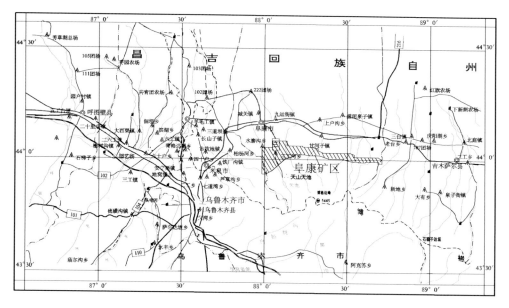

图 6-16 阜康矿区交通位置示意图

阜康矿区是新疆的重要煤炭基地，赋存煤炭资源约 84 亿 t，预测煤层气资源量约 450 亿 m^3，预计可采煤层气资源量约 200 亿 m^3。在阜康矿区的 28 处煤矿中，13 处为高瓦斯矿井或煤与瓦斯突出矿井，随着煤矿开采深度的增加，瓦斯灾害日趋严重。

2. 地层

阜康矿区发育地层有古生界二叠系，中生界三叠系、侏罗系及新生界古近系、新近系和第四系（图 6-17）。中生界侏罗系在矿区广泛出露，在矿区东部缓坡地带和开阔的沟谷中被第四系覆盖，在矿区东部出露较多三叠系。地层按照从老至新的顺序，依次为：二叠系下统下苾苾槽子群、三叠系上统郝家沟组、侏罗系下统八道湾组、侏罗系下统三工河组、中侏罗统西山窑组、中侏罗统头屯河组、中新统-上新统昌吉河群和第四系。

3. 构造

矿区总体上为一南北窄、沿东西向展布的不规则状长条形区域。矿区东以大黄山-二工河倒转向斜的闭合端为界，西至水磨河，北界为煤层露头，南界为妖魔山逆冲断裂。矿区东西长 57 km，南北宽 3~15 km，总面积约 307.92 km^2（图 6-18）。

4. 煤层与煤岩、煤级特征

矿区含煤岩系包含侏罗系中统西山窑组（J_2x）及侏罗系下统八道湾组（J_1b）。

西山窑组（J_2x）大于 0.30 m 厚的煤层 17 层，煤层编号从上到下依次为 28~45 号。其中，全区主要可采煤层 4 层，分别为 38、41、43、45 号；局部可采煤层 1 层，为 40 号煤层。西山窑组平均厚 456.75 m，煤层平均总厚 44.31 m，含煤系数 9.70%。

八道湾组（J_1b）大于 0.30 m 厚的煤层 45 层，煤层编号从上到下依次为 1~45 号。其中，全区可采和大部可采煤层 7 层，依次为 35~36、37、39、41、42、43、44 号，局部可采煤层 6 层，1~2、3~5、7~9、10~13、14~15、19~21 号煤层。八道湾组平均厚 940.54 m，煤层平均总厚 68.48 m，含煤系数 7.28%。

八道湾组各煤层煤的有机组分平均值介于 71.3%~96.0% 之间，其中镜质组平均值介于 27.6%~68.7% 之间，惰质组平均值介于 6.8%~43.4% 之间，半镜质组和壳质组平均值介于 0~18.0% 之间。煤质在区域上比较均匀，具有横向上和纵向上的稳定性和均一性。无机组分平均值介于 4.0%~28.7% 之间，其中以黏土类为主，平均值介于 2.6%~28.5% 之间，碳酸盐类次之，平均值介于 0.8%~1.9% 之间，其他无机质组分极少。

西山窑组各煤层煤的有机组分平均值介于 93.3%~96.3% 之间，其中镜质组平均值介于 30.9%~46.8% 之间，惰质组平均值介于 38.3%~57.3% 之间，半镜质组和壳质组平均值介于 1.1%~6.8% 之间。无机组分平均值介于 3.7%~6.7% 之间，以黏土类矿物为主，平均值介于 2.1%~5.7% 之间，碳酸盐类次之，平均值介于 0.5%~2.6% 之间。其他无机质组分极少。

区内各煤层的镜质组最大反射率平均值介于 0.59%~0.70% 之间，为煤化程度较低的长焰煤和气煤阶段。

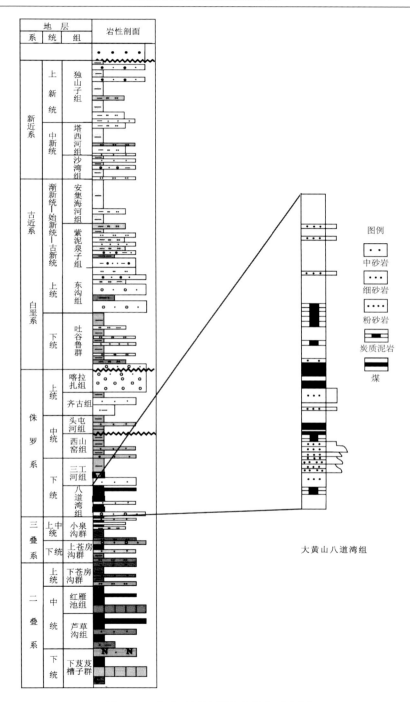

图 6-17　阜康矿区地层综合柱状示意图

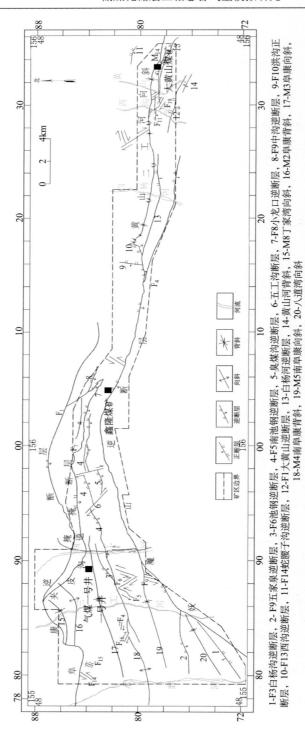

图 6-18　阜康矿区构造纲要图（见文后彩图）

1-F3白杨沟逆断层，2-F9五家泉逆断层，3-F6池钢逆断层，4-F5南钢逆断层，5-臭煤沟逆断层，6-五工沟断层，7-F8小龙口断层，8-F9中沟逆断层，9-F10洪沟正断层，10-F13西沟逆断层，11-F14蛇腰子沟逆断层，12-F1大黄山逆断层，13-白杨河逆断层，14-黄山河背斜，15-M5南阜康向斜，16-M2阜康背斜，17-M3阜康向斜，18-M4南阜康背斜，19-M5南阜康向斜，20-八道沟向斜

5. 阜康矿区煤储层压力

储层压力是影响煤储层吸附气、水溶气、游离气含量的主要因素。煤储层压力，是指作用于煤孔隙-裂隙空间上的流体压力（包括水压和气压），故又称为孔隙流体压力，相当于常规油气储层中的油层压力或气层压力。煤储层压力一般通过试井分析测得，再利用外推方法求原始地层条件下的相对平衡状态的初始压力。煤储层流体受到三个方面力的作用，包括上覆岩层静压力、静水柱压力和构造应力。当煤储层渗透性较好并与地下水连通时，孔隙流体所承受的压力为连通孔道中的静水压力，此时，储层压力等于静水压力；若煤储层被不渗透地层所包围，由于储层流体被封闭而不能自由流动，储层孔隙流体压力与上覆岩层压力保持平衡，这时储层压力等于上覆岩层压力；在煤储层与地下水有一定程度连通的条件下，由于岩性不均而形成局部半封闭状态，此时，煤储层压力小于上覆岩层压力而大于静水压力。煤储层压力主要受煤层埋深和地应力控制。

储层压力梯度指单位垂深内的储层压力增量，常用井底压力除以从地表到测试井段中点深度而得出，用 kPa/m 或 MPa/100m 表示。储层压力梯度若等于静水柱压力梯度（9.78 kPa/m，淡水），储层压力状态为正常；若大于静水柱压力梯度，则称为高压或超压异常状态；若小于静水柱压力梯度，则称为低压异常状态。压力系数为实测地层压力与同深度静水柱压力之比值。压力系数等于 1 时，储层压力正常；压力系数大于 1 时，称为高异常压力；压力系数小于 1 时，称为低异常压力。在阜康矿区范围内，实测了西山窑组煤储层压力的参数井是参 2~3 井，该井位于矿区西部的建新井田（图6-19）。采用注入压降法测试了 14~15 号和 19~21 号煤层的储层参数（表 6-17）。

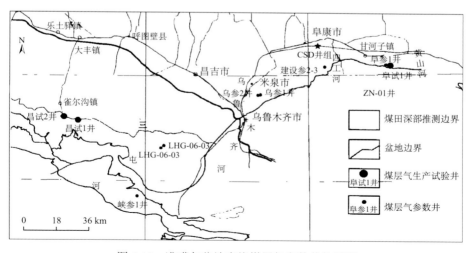

图 6-19 准噶尔盆地南缘煤层气参数井位置图

　　14~15 号煤层埋深 351.38 m，储层压力为 1.86 MPa，储层压力梯度为 0.53 MPa/100 m。19~21 号煤层埋深 378.95 m，储层压力为 1.93 MPa，储层压力梯度为 0.51 MPa/100 m。

　　14~15 号和 19~21 号两煤层相距 27 m，如果按正常压力梯度计算，深部的 19~21 煤层，储层压力应该增加 0.27 MPa，实际上只增加了 0.06 MPa。说明此二煤层可能处于同一储层压力系统，且两煤层均为低压异常储层。

　　在阜康矿区，地表水是地下水主要补给来源，煤储层压力受水文地质条件的影响，在邻近主要河流地带或烧变岩裂隙含水层区域，储层压力可能相对较高；在远离常年河流地带，储层压力可能较低。随煤层埋深增加，水文地质条件将趋于一致，储层压力除了与水头高度有关，还与水饱和度有关。

表 6-17　阜康建新参 2-3 井试井参数表

测试项目	单位	14~15 号煤储层参数	19~21 号煤储层参数
测试点深度	m	343.69	361.89
煤层中点深度	m	351.38	378.95
测试点压力	MPa	1.82	1.85
储层压力梯度	MPa/100m	0.53	0.51
储层压力	MPa	1.86	1.93
渗透率	mD	0.02	0.01
储层温度	℃	16.4	17.60
破裂压力梯度	MPa/100m	2.77	1.87
破裂压力	MPa	9.73	7.09
原地应力梯度	MPa/100m	2.25	1.28
闭合压力	MPa	7.91	4.85
煤层气含量（ad）	m³/t	0.04~0.18 0.13	0.22~2.11 0.76
Langmuir 体积（ad）	m³/t	12.18	8.45
Langmuir 压力	MPa	1.62	1.29

　　在阜康矿区范围内，实测了八道湾组煤储层压力的参数井有阜参 1 井、CSD 井组等（图 6-19）。阜参 1 井自上而下钻探 41 号、42 号和 44 号煤层，三层煤厚度分别是 11.18m、17.31m、15.02 m，煤层总厚度为 43.51 m。三层煤的底板深度分别为 640.28 m、696.98 m 和 809.01 m。采用注入压降法测得的储层压力分别为 5.90 MPa、6.26 MPa、7.56 MPa，储层压力梯度分别为 0.96 MPa/100 m、0.94 MPa/100 m，0.98 MPa/100 m。该井的 3 层煤的储层压力均较高，压力梯度

接近于正常压力梯度（表 6-18）。CSD 井组采用钻杆地层测试方法（Drill Stem Test，DST）测得的储层压力梯度为 0.41~0.59 MPa/100 m，CSD 井组煤储层压力梯度均为低异常。

　　阜康矿区的水文地质钻孔抽水实验结果表明，八道湾组含水层的水位标高介于 +957.65 m~+1008.49 m 之间，阜康矿区的地面标高一般为 +1000 m~+1100 m，由此推算煤储层压力应接近于正常储层压力。但是，ZN-01 井和阜试-1 井的排采过程中发现，八道湾组煤层的产水量很小。CSD 井组储层压力梯度很低（表 6-19），造成八道湾组储层压力梯度低的原因是阜康矿区不同区域的地下水补给条件不同。储层压力梯度偏低区域，煤储层中含有一定比例的游离气。

表 6-18　阜参 1 井试井参数表

煤层	埋深/m	煤厚/m	气含量/（m³/t）	渗透率/mD	储层压力/MPa	储层压力梯度/（MPa/100m）
41	629.10~640.28	11.18	3.99~11.97，8.96	1.45	5.90	0.96
42	679.67~696.98	17.31	7.86~14.03，12.13	7.30	6.26	0.94
44	793.99~809.01	15.02	5.36~14.45，10.60	2.85	7.56	0.98

表 6-19　CSD 井组试井参数表

井号	煤层	煤层中点埋深/m	煤层有效厚度/m	储层压力/MPa	储层压力梯度/（MPa/100m）	渗透率/mD	储层温度/℃
CSD01	42	760.0	20.0	3.59	0.57	—	—
CSD02	39	805.0	6.0	3.90	0.49	16.000	—
CSD02	45	938.5	24.8	5.09	0.57	1.620	22.5
CSD03	44	971.0	5.9	5.47	0.59	0.064	25.3
CSD04	42	1045.5	7.0	3.88	0.41	0.243	25.7

6. 三相态含气量模拟

1）吸附气含量

不同温压下等温吸附实验所得的 Langmuir 参数值计算得气煤一号井煤样吸

附量随温度升高的衰减梯度约为 0.12 m³/(t·℃)，大黄山煤样吸附量随温度升高的衰减梯度为 0.09 m³/(t·℃)；通过式（6-5）~式（6-7）对气煤一号井煤样及大黄山煤样的吸附气含量（假设吸附气饱和）进行了数值模拟。

结果表明：400~2000 m 埋深范围内，空气干燥基条件下气煤一号井煤样的饱和吸附气含量介于 7.04~11.73 m³/t 之间，大黄山煤矿煤样的饱和吸附气含量介于 13.26~14.27 m³/t 之间。四个煤样的吸附量均随埋深的增加表现为先增大后减小，埋深浅于 1000 m 时，随埋深增加而增大；埋深大于 1000 m 时，随埋深增加而减小（表 6-20、图 6-20）。

表 6-20　不同埋深下的甲烷饱和吸附气含量（空气干燥基，下同）

埋深/m		400	600	800	1000	1200	1400	1600	1800	2000
储层温度/℃		19.2	24.2	29.2	34.2	39.2	44.2	49.2	54.2	59.2
储层压力（气煤一号井）/MPa		2.02	3.04	4.06	5.08	6.15	7.12	8.14	9.16	10.18
吸附气量 /（m³/t）	QM-01	8.50	9.69	10.11	10.23	10.09	9.88	9.58	9.17	8.95
	QM-02	9.42	10.89	11.52	11.73	11.71	11.59	11.33	11.01	10.84
	QM-03	7.04	7.94	8.20	8.24	7.97	7.76	7.43	7.09	6.68
储层压力（大黄山煤矿）/MPa		4.74	5.76	6.78	7.80	8.82	9.84	10.86	11.88	12.88
吸附气含量 /（m³/t）	DHS-02	13.26	14.01	14.24	14.27	14.17	13.99	13.7	13.41	13.02

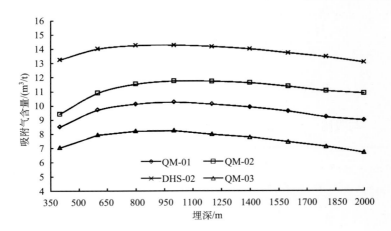

图 6-20　饱和吸附气含量与埋深的关系

Langmuir 方程表达式为特定温度下的表达式，只能直观地反映吸附量与压力之间的关系，如果想预测其他温度下的吸附量，就得借助于吸附量随温度升高衰减梯度这个参数，该参数值是通过不同温度下的吸附实验求吸附量随温度变化的平均差值得到的。大黄山煤样在不同温度下的吸附实验表明随温度升高，该参数值并不是一定的，且呈逐渐减小的趋势，对预测不同埋深煤储层吸附量的精度有较大影响。

吸附势理论认为在吸附剂表面空间存在一个引力场，气体分子被该引力场吸引在煤孔隙内表面形成吸附层，气体由气相变为吸附相，表面空间各处都存在吸附势 ε，其定义为在恒温条件下，将 1 mol 理想气体从气相中平衡压力 p 压缩到饱和蒸气压力 p_0 进入吸附层所做的压缩功，等于体系自由能的增量 ΔG，其表达式为（赵振国，2005；张群等，2008）

$$\varepsilon = -\Delta G = \int_p^{p_0} V \mathrm{d}p = RT \ln(p_0 / p) \tag{6-39}$$

式中：ε——吸附势，J/mol；

　　　V——处于自由状态的气体体积；

　　　p——平衡压力；

　　　p_0——温度 T 时的饱和蒸气压；

　　　T——平衡温度，K；

　　　R——普适常数，为 8.314J/（mol·K）。

由于吸附实验温度高于临界温度，饱和蒸气压 p_0 在本式中无物理意义，据 Dubinin、Ozawa 提出的临界温度以上的气体饱和蒸气压经验公式以及 K.A.G.Amankwah 修正过的 Dubinin 方程，p_0 计算方法如下（刘洪林等，2006）：

$$p_0 = p_C \left(\frac{T}{T_C} \right)^2 \text{ 或 } p_0 = p_C \left(\frac{T}{T_C} \right)^k \tag{6-40}$$

式中：p_C——气体的临界压力，CH_4 的临界压力为 4.59 MPa；

　　　T_C——气体的临界温度，CH_4 的临界温度为-82.6℃；

　　　k——与吸附体系有关的常数。

吸附势理论认为气体与固体之间的作用力为色散力，吸附过程为物理吸附，因此吸附势与温度无关，崔永君等（2005）认为同一个吸附体系中 ε-V_{ad}（吸附相体积）的关系将不随温度的改变而变化，ε-V_{ad} 之间的关系称之为特征曲线（Characteristic curve）（崔永君等，2005）。吸附相体积 V_{ad} 的计算公式如下：

$$V_a = \frac{m}{\rho_{ad}} = \frac{V \times 16}{22.4 \times 10^3 \times \rho_{ad}} \tag{6-41}$$

式中：V_a——平衡条件下的吸附相体积，m^3/t；

　　　m——被吸附气体的质量，g；

　　　ρ_{ad}——吸附相密度，取 $0.375 g/cm^3$。

　　对新疆阜康矿区大黄山煤样不同温度下的吸附数据通过以上方法进行数值模拟。计算出温度为30℃、50℃、70℃、90℃时的饱和蒸气压 p_0（表6-21）。结合大黄山煤矿不同埋深下的储层压力和吸附实验数据对大黄山煤样的吸附势与吸附相体积进行不同压力段模拟，压力分别为0.5~14 MPa、14~28 MPa，本文取 $k=2.9$ 时的拟合结果相对最好，拟合特征曲线显示大黄山煤样在4个温度点、在压力为0.5~14 MPa 时的 ε-V_{ad} 特征曲线基本落在同一条曲线上（图6-21），CH_4 吸附势 ε 与吸附相体积 V_{ad} 呈明显的对数负相关，关系表达式为 $\varepsilon = -4142\ln V_{ad} - 12282$，相关性很好；而压力为14~28 MPa 时的 ε-V_{ad} 的数据非常离散，说明该方法不适用于较高压力时的吸附量的预测。

表 6-21　不同温度下的饱和蒸气压 p_0

温度 T/K	$k=2$	$k=2.1$	$k=2.2$	$k=2.3$	$k=2.4$	$k=2.5$	$k=2.6$	$k=2.7$	$k=2.8$	$k=2.9$
303.15	11.64	12.19	12.77	13.38	14.01	14.68	15.38	16.11	16.87	17.67
323.15	13.23	13.94	14.70	15.50	16.34	17.22	18.16	19.14	20.18	21.27
343.15	14.91	15.82	16.78	17.79	18.87	20.01	21.22	22.51	23.87	25.32
363.15	16.70	17.81	19.00	20.27	21.62	23.06	24.59	26.23	27.98	29.84

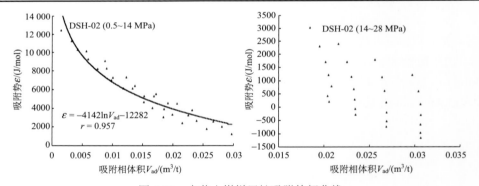

图 6-21　大黄山煤样甲烷吸附特征曲线

　　当吸附相密度 ρ_{ad} 为定值时，吸附相体积 V_{ad} 与吸附量 V 呈线性关系，说明吸附势 ε 与吸附量 V 也呈对数函数关系，可以表达为

$$\varepsilon = a\ln V + b \tag{6-42}$$

式中：a、b——方程常数项。

　　把式（6-39）代入式（6-42）得

$$RT\ln\frac{p_0}{p} = a\ln V + b \tag{6-43}$$

把式（6-40）代入式（6-43）整理得

$$\ln V = -\frac{RT}{a}\ln p + \left[\frac{RT}{a}\ln p_C + \frac{RT}{a}\ln\left(\frac{T}{T_C}\right)^k - \frac{b}{a}\right] \qquad (6\text{-}44)$$

可写为

$$\ln V = A\ln p + B \qquad (6\text{-}45)$$

其中：

$$A = -\frac{RT}{a} \qquad (6\text{-}46)$$

$$B = -A\ln p_C\left(\frac{T}{T_C}\right)^k - \frac{b}{a} \qquad (6\text{-}47)$$

通过以上公式模拟吸附气含量的计算过程为：已知温度 T 下的等温吸附数据，利用关系式（6-45）求出常数 A 和 B，再利用式（6-46）和式（6-47）计算出 a 和 b，最后代入到式（6-44）中得到不同压力所对应的吸附量。对大黄山煤样在压力为 0.5~14 MPa 的吸附量进行了预测，并与实测数据进行对比（图 6-22），发现 30℃ 与 50℃ 的预测精度相对较高，可以预测阜康矿区储层条件下的吸附气；而 70℃ 与 90℃ 的预测结果较差，说明该模型不适用于较高温度、压力下的吸附量预测。

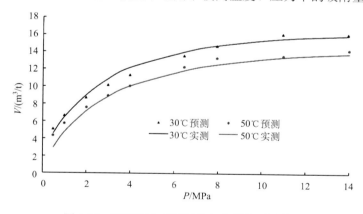

图 6-22　吸附气含量预测值与实测值对比结果

2）水溶气含量

以阜康矿区八道湾组 45# 煤层为例，列出了不同埋深条件下的水溶气含量计算所需参数的计算结果（表 6-22）。计算结果表明阜康矿区八道湾组水溶气含量介于 0.043~0.063 m³/t 之间，煤储层水溶气含量随埋深先增大后减小，在埋深为 800~900 m，水溶气含量最大（表（6-23））。随埋深增加储层压力增加，煤层气溶解度增大，但随埋深增加，有效应力也增大，引起煤储层孔隙度变小，两者综合作用下，煤储层水溶气含量随着埋深的增加变化幅度不大。

表 6-22　阜康矿区八道湾组 45#煤层水溶气含量计算参数表

埋深/m	储层温度/℃	储层压力/MPa	有效应力/MPa	孔隙度/%	煤层气溶解度/（m³/m³）		
					1g/L*	4g/L*	8g/L*
400	17.6	4.69	5.61	6.85	0.937	0.916	0.894
500	20.1	5.22	7.01	6.16	1.154	1.128	1.102
600	22.6	5.75	8.41	5.90	1.399	1.368	1.336
700	25.1	6.28	9.81	5.65	1.478	1.445	1.412
800	27.6	6.81	11.21	5.41	1.548	1.514	1.479
900	30.1	7.34	12.61	5.18	1.611	1.574	1.538
1000	32.6	7.87	14.01	4.96	1.665	1.627	1.590
1100	35.1	8.40	15.41	4.75	1.711	1.672	1.634
1200	37.6	8.93	16.81	4.55	1.750	1.710	1.671
1300	40.1	9.46	18.21	4.35	1.782	1.741	1.701
1400	42.6	9.99	19.61	4.17	1.831	1.790	1.749
1500	45.1	10.52	21.01	3.99	1.874	1.832	1.790
1600	47.6	11.05	22.41	3.82	1.913	1.870	1.827
1700	50.1	11.58	23.81	3.66	1.948	1.904	1.860
1800	52.6	12.11	25.21	3.51	1.978	1.934	1.889
2000	55.1	13.17	26.61	3.46	2.007	1.963	1.912

注：*煤储层水矿化度

3）游离气含量

与海拉尔盆地一样，依据马略特定律计算阜康矿区大黄山煤样（煤样编号：DHS-01 和 DHS-02）游离气含量。依据第五章覆压下煤岩孔渗实验，煤储层孔隙度与上覆压力之间服从负指数函数关系。

表 6-23　阜康矿区八道湾组 45 煤层水溶气含量计算结果

埋深/m	水溶气含量/（m³/t）			埋深/m	水溶气含量/（m³/t）		
	1 g/L*	4 g/L*	8 g/L*		1 g/L*	4 g/L*	8 g/L*
400	0.049	0.048	0.047	1200	0.058	0.057	0.055
500	0.055	0.053	0.052	1300	0.056	0.055	0.053
600	0.064	0.063	0.061	1400	0.054	0.053	0.052
700	0.064	0.063	0.061	1500	0.053	0.052	0.050
800	0.064	0.062	0.061	1600	0.051	0.050	0.049
900	0.063	0.061	0.060	1700	0.049	0.048	0.047
1000	0.061	0.060	0.059	1800	0.047	0.046	0.045
1100	0.060	0.058	0.057	2000	0.045	0.044	0.043

注：*煤储层水矿化度

据式（5-16）可计算出大黄山煤样的体积压缩系数与初始孔隙度（初始应力为 0 时的孔隙度，表 5-11）。煤层气压缩因子是计算煤储层游离气含量的必要参数，煤层气领域一般采用查甲烷压缩因子表获取压缩因子数据。煤储层的气体压力可由式（6-12）瓦斯压力梯度来计算，其中大黄山一号井的瓦斯风氧化带深度为 300 m。本文收集了阜康矿区 45#、44#、42#煤层不同埋深下的绝对瓦斯压力值（表 6-24）。在 400~800 m 的范围内绝对瓦斯压力变化较大，最大值为 3 MPa，最小值为 0.12 MPa；所有埋深下的瓦斯压力平均梯度为 0.12 MPa/100 m。根据大黄山煤矿地质报告，大黄山煤矿 42#煤层+650 m 的绝对瓦斯压力平均为 1.01 MPa，通过以上数据可以计算出不同埋深下的绝对瓦斯压力。42#煤层顶板由下往上分别为细砂岩、粉砂质泥岩、中砂质泥岩、泥岩，密度分别为 2.98 t/m³、2.34 t/m³、2.79 t/m³、2.68 t/m³，平均为 2.70 t/m³。由式（6-15）可以求得不同埋深下的垂向应力（表 6-25）。据第五章三轴力学物理模拟结果，DHS-01、DHS-02 的平均泊松比分别为 0.48、0.35，由申卫兵等（2000）对不同煤阶煤岩力学参数测试结果取气煤的 Biot 系数为 0.78，由式（6-13）求出其水平有效应力。

表 6-24 阜康矿区煤层气体（瓦斯）压力

45#煤层		44#煤层		42#煤层	
埋深/m	绝对瓦斯压力/MPa	埋深/m	绝对瓦斯压力/MPa	埋深/m	绝对瓦斯压力/MPa
632	1.1	716	0.56	676	0.59
632	1.05	694	0.6	676	0.82
632	0.97	694	0.64	764	0.45
579	0.55	676	0.5	676	0.59
524	0.65	632	1.15	676	0.82
450	0.12	579	1.7	632	1.55
450	0.4	450	3	579	1.8
450	0.5	716	0.56	764	0.45
450	0.12	694	0.6	676	0.59
450	0.4	694	0.64	676	0.82
450	0.5	676	0.5	632	1.55
—	—	632	1.15	579	1.8
—	—	579	1.7	524	0.21
—	—	524	0.25	764	0.45
—	—	450	3	—	—

表 6-25　　不同埋深下甲烷游离气含量

样品	埋深/m	400	600	800	1000	1200	1400	1600	1800	2000
	储层温度/℃	19.2	24.2	29.2	34.2	39.2	44.2	49.2	54.2	59.2
	储层压力/MPa	4.74	5.76	6.78	7.80	8.82	9.84	10.86	11.88	12.88
	绝对瓦斯压力/MPa	0.76	0.99	1.23	1.45	1.71	1.95	2.18	2.42	2.67
	垂向应力/MPa	12.11	17.48	22.89	28.29	33.70	39.02	44.45	49.70	55.23
	甲烷气体压缩因子	0.984	0.982	0.978	0.977	0.975	0.973	0.972	0.970	0.968
DHS-01	水平有效应力/MPa	7.73	11.98	16.11	20.38	24.62	28.79	33.05	37.34	41.48
	累计体积应变	0.0020	0.0024	0.0027	0.0031	0.0034	0.0038	0.0042	0.0046	0.0050
	剩余孔隙体积/（m³/t）	0.0048	0.0048	0.0048	0.0048	0.0048	0.0048	0.0048	0.0048	0.0048
	游离气含量/（m³/t）	0.0353	0.0456	0.0557	0.0653	0.0748	0.0840	0.0928	0.1015	0.1099
DHS-02	水平有效应力/MPa	4.53	6.89	9.39	11.88	14.34	16.87	19.29	21.78	24.32
	累计体积应变	0.0038	0.0049	0.0060	0.0073	0.0089	0.0115	0.0232	0.0327	0.0416
	剩余孔隙体积/（m³/t）	0.0162	0.0162	0.0162	0.0161	0.0161	0.0161	0.0159	0.0157	0.0156
	游离气含量/（m³/t）	0.1169	0.1508	0.1841	0.2160	0.2467	0.2766	0.3022	0.3273	0.3514

　　DHS-01、DHS-02 煤样的初始孔隙度分别为 1.94%，3.39%（表 5-12）；据式（6-10），计算出 DHS-01、DHS-02 煤样水分占据的孔隙度分别为 1.29%、1.23%；据大黄山地质报告，大黄山 42# 煤层的平均视密度为 1.32 t/m³。通过以上数据计算出 DHS-01 和 DHS-02 煤样不同埋深下的剩余孔隙体积及标准状况下的游离气含量（表 6-25）。阜康矿区大黄山煤矿煤中游离气含量随埋深的增加而增大，由于其水分含量较高，占据了大部分的孔裂隙，在 400~2000 m 埋深范围内介于 0.04~0.35 m³/t 之间（表 6-25、图 6-23）。

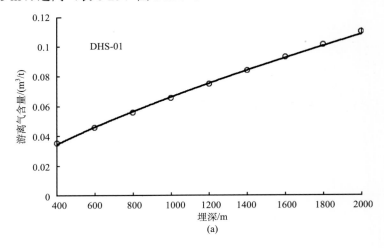

(a)

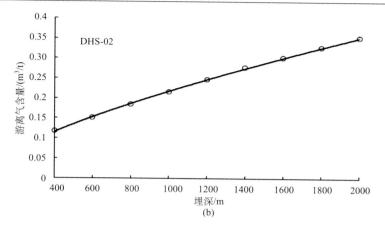

图 6-23 大黄山煤样游离气含量与埋深的关系

6.7 三相态含气量耦合研究

6.7.1 耦合数学模型

综合吸附气含量预测数学模型，即式（6-5）、式（6-6）和式（6-7），则饱和吸附气含量为

$$V_{ad} = \left[\frac{V_L p}{p + P_L} - \Delta V_T \times (T_{储} - T_{测}) \right] \frac{100 - M_{ad} - A_{ad}}{100} \quad (6\text{-}48)$$

综合游离气含量预测数学模型，即式（5-3）和式（6-9）~式（6-15），则游离气饱和含量：

$$V_g = \frac{\left\{ (\varphi - \varphi_{水分}) \times \left\{ 1 - \left\{ a\ln\left\{ \left[\frac{v}{1-v}(\sigma_v - \alpha p) \right] - \alpha p \right\} + b \right\} / \rho_W \right\} \right\}}{P_0 T_{储} Z}$$
$$\times \left[P_0 + \mathrm{grad}P_g (H - H_0) \right] \times T_0 \quad (6\text{-}49)$$

低煤化储层总含气量等于吸附气、水溶气、游离气含量之和。即

$$V_{储} = V_{ad} + V_W + V_g$$
$$= \left[\frac{V_L p}{p + P_L} - \Delta V_T \times (T_{储} - T_{测}) \right] \frac{100 - M_{ad} - A_{ad}}{100} + \frac{V_{WV}}{\rho_W} \times W_{PT}$$

$$
+\cfrac{\left\{(\varphi-\varphi_{\text{水分}})\times\left\{1-\left\{aln\left\{\left[\cfrac{\nu}{1-\nu}(\sigma_v-\alpha p)\right]-\alpha p\right\}+b\right\}/\rho_W\right\}\right\}\times[P_0+grdP_g(H-H_0)]\times T_0}{P_0 T_{\text{储}}Z}
$$

$$\text{（6-50）}$$

6.7.2 海拉尔盆地三相态含气量

针对海拉尔盆地进行了三相态含气量耦合研究，海拉尔盆地褐煤储层中 400~2000 m 埋深范围内平均总饱和含气量介于 3.55~5.15 m³/t 之间，总体上随埋深的增加而增大（表 6-26、图 6-24）。伊敏露天矿 16 煤层（HLR-02）由于 $R_{\text{o,max}}$ 只有 0.26%，总含气量较低，400~2000 m 埋深范围内介于 1.87~2.02 m³/t 之间，且埋深浅于 1000 m，总含气量随埋深的增加而增大，埋深大于 1000 m，总含气量随埋深的增加而减少。五牧场通达矿煤层（HLR-05、 HLR-06、 HLR-07）$R_{\text{o,max}}$ 为 0.42%，总含气量较高，在 400~2000 m 埋深范围内介于 2.77~9.12 m³/t 之间，

表 6-26 海拉尔盆地褐煤储层不同埋深下的三相态饱和含气量（m³/t）

埋深 /m		400	600	800	1000	1200	1400	1600	1800	2000
HLR-02	吸附气	1.30	1.28	1.20	1.10	0.98	0.86	0.73	0.59	0.46
	水溶气	0.57	0.69	0.80	0.90	0.99	1.08	1.16	1.23	1.29
	游离气	0.00	0.01	0.01	0.02	0.02	0.03	0.03	0.04	0.04
	总含气量	1.87	1.98	2.01	2.02	1.99	1.97	1.92	1.86	1.79
HLR-05	吸附气	4.44	4.86	5.03	5.09	5.08	5.03	4.95	4.86	4.75
	水溶气	0.19	0.25	0.30	0.34	0.38	0.41	0.43	0.45	0.46
	游离气	0.03	0.16	0.31	0.44	0.58	0.75	0.93	1.10	1.25
	总含气量	4.66	5.27	5.64	5.87	6.04	6.19	6.31	6.41	6.46
HLR-06	吸附气	2.48	2.46	2.36	2.23	2.09	1.95	1.79	1.64	1.48
	水溶气	0.26	0.34	0.42	0.48	0.53	0.58	0.62	0.65	0.67
	游离气	0.03	0.14	0.26	0.38	0.50	0.65	0.80	0.94	1.07
	总含气量	2.77	2.94	3.04	3.09	3.12	3.18	3.21	3.23	3.22
HLR-07	吸附气	4.43	4.86	5.05	5.13	5.14	5.11	5.05	4.97	4.87
	水溶气	0.38	0.48	0.56	0.64	0.72	0.78	0.83	0.88	0.92
	游离气	0.08	0.44	0.82	1.18	1.55	2.01	2.49	2.92	3.33
	总含气量	4.89	5.78	6.43	6.95	7.41	7.90	8.37	8.77	9.12
平均	吸附气	3.16	3.37	3.41	3.39	3.32	3.24	3.13	3.02	2.89
	水溶气	0.35	0.44	0.52	0.59	0.66	0.71	0.76	0.80	0.84
	游离气	0.04	0.19	0.35	0.51	0.66	0.86	1.06	1.25	1.42
	总含气量	3.55	4.00	4.28	4.49	4.64	4.81	4.95	5.07	5.15

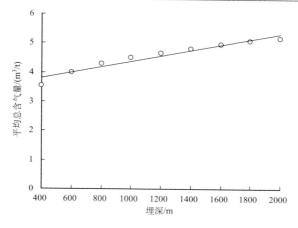

图 6-24 模拟饱和含气总量与埋深的关系

且均随埋深的增加而增大。在 400~2000 m 埋深范围内，海拉尔盆地褐煤储层中平均吸附气含量、游离气含量、水溶气含量分别占 71.8%、14.6%、13.6%（表 6-27）。伊敏露天矿 16 煤层（HLR-02）为 HM_1，水溶气占有较大比例。五牧场通达矿 19-1 煤层（HLR-05）吸附气含量很高，五牧场通达矿 18-2 煤层（HLR-06）、17-1 煤层（HLR-07）游离气占有较高比例（图 6-25）。

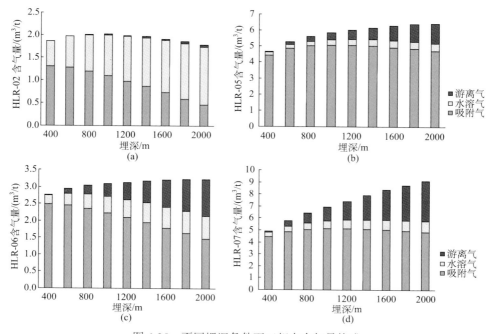

图 6-25 不同埋深条件下三相态含气量构成

表 6-27　海拉尔盆地褐煤储层不同埋深下的三相态含气量构成（m³/t）

埋深 /m	400	600	800	1000	1200	1400	1600	1800	2000	平均
吸附气/%	89.0	84.3	79.7	75.5	71.6	67.4	63.2	59.6	56.1	71.8
水溶气/%	9.9	11.0	12.1	13.1	14.2	14.8	15.4	15.8	16.3	13.6
游离气/%	1.1	4.8	8.2	11.4	14.2	17.9	21.4	24.7	27.6	14.6

6.8　本 章 小 结

　　基于三相态饱和含气量预测的数学模型对海拉尔盆地和阜康矿区三相态含气量进行了预测，并重点分析了阜康矿区的含气饱和度、煤储层孔隙度和煤层气溶解度。取得如下认识：

　　（1）通过地球物理方法预测了阜康矿区的含气和含水饱和度，预测结果表明，阜康矿区 45#煤层在不同埋深下的含气饱和度相差不大，平均为 72.76%；44#、42#煤层在不同埋深下的含气饱和度分别平均为 77.67%、65.25%，呈随埋深的增加而增大的趋势。

　　（2）依据煤层气特有的化学成分组成和煤储层的物理、化学条件，建立了煤储层水溶气溶解度的解析计算模型。第一，建立某一气体组分在某一温度不同压力下的气体溶解度计算模型；第二，分析该气体在其他温度下的溶解度与压力的关系；第三，对气体溶解度进行不同矿化度条件下的校正。

　　（3）建立了三相态饱和含气量预测的数学模型，并通过模型分别对海拉尔盆地褐煤储层和阜康矿区气煤储层三相态含气量进行了预测。结果表明：海拉尔盆地褐煤储层 400~2000 m 埋深范围内吸附气含量介于 0.46~5.14 m³/t 之间，阜康矿区气煤储层吸附气含量介于 13.26~14.27 m³/t 之间。两个地区均存在吸附气含量在埋深浅于 1000 m 时随埋深的增加而增大，在埋深深于 1000 m 后随埋深的增加而减少的规律性。海拉尔盆地褐煤储层 400~2000 m 埋深范围内水溶气含量介于 0.19~1.29 m³/t 之间，随煤层埋深的增加而增大；阜康矿区气煤储层水溶气含量介于 0.043~0.063 m³/t 之间，随埋深先增大后减小，在埋深为 800~900 m，水溶气含量最大。但由于储层压力和有效应力的综合作用，煤储层水溶气含量随着埋深的增幅变化不大。海拉尔盆地褐煤储层和阜康矿区气煤储层中游离气含量均随埋深的增加而增大。

　　（4）对海拉尔盆地褐煤储层进行了三相态含气量耦合分析。海拉尔盆地褐煤储层中 400~2000m 埋深范围内平均总饱和含气量介于 3.55~5.15 m³/t 之间，总体上随埋深的增加而增大。褐煤储层平均吸附含气量，游离气含量，水溶气含量分别占 71.8%、14.6%、13.6%。

7 结　　论

　　基于低煤化储层煤岩、煤质、孔隙度、孔径结构等系统测试，结合不同温压条件下煤对甲烷的吸附性、煤储层水中甲烷溶解度及煤岩体三轴压缩物理模拟，分析了低煤化程度煤的显微组分、煤质、孔隙度及孔径结构特征；构建了低煤化储层吸附气、水溶气、游离气含量预测的数学模型，数值模拟了煤储层吸附气、水溶气、游离气饱和含气量。得出了以下新认识：

　　（1）低煤级煤空气干燥基水分含量、干燥无灰基挥发分产率、孔隙度总体随煤化程度的增加而减少。

　　（2）低煤级煤显微裂隙发育密度、总比孔容、总比表面积大于中、高煤级煤，且大孔、中孔、过渡孔、微孔孔容分布较均匀。

　　（3）平衡水条件下低煤级煤的吸附特性与中、高煤级煤存在一定的差异，主要表现在受煤演化程度的影响减弱，而受煤岩组分的影响增强；Langmuir 体积随腐殖组/镜质组含量、平衡水含量的增加呈现减少的趋势，随惰质组含量的增加呈现增大的趋势。

　　（4）甲烷溶解度随压力、温度（<80℃）的增大而增大，压力对甲烷溶解度的正效应远大于温度对甲烷溶解度的负效应。

　　（5）低煤化储层的弹性模量随轴向应力差的增加而增大，泊松比随轴向应力差的增加 而减小；体积应变随围压的增加而增大，体积压缩系数随围压的增加而呈对数形式减少；孔隙体积和孔隙度随上覆压力的升高而逐渐减小。

　　（6）吸附气含量在埋深浅于 1000 m 时随埋深的增加而增大。在埋深大于 1000 m 后随埋深的增加而减少；水溶气含量随煤层埋深的增加呈对数形式增大；游离气含量随埋深的增加呈线性增大。

　　（7）海拉尔盆地褐煤储层中 400~2000 m 埋深范围内平均总饱和含气量介于 3.55~5.15 m³/t 之间；HM₁ 吸附气、游离气、水溶气含量平均分别占 48.8%、1.1%、50.0%，HM₂ 吸附气、游离气、水溶气含量平均分别占 72.6%、16.7%、10.6%。阜康矿区气煤储层 400~2000 m 埋深范围内，吸附气、游离气、水溶气分别为 13.26~14.27 m³/t、0.043~0.063 m³/t、0.04~0.35 m³/t，平均分别占 96.5%、1.0%、2.4%。

　　（8）构建了低煤化储层游离气、水溶气、吸附气饱和含气量预测的理论与方法，提出了低煤化储层原位孔隙度、煤层气溶解度和气水饱和度的数值模拟方法。

参 考 文 献

艾鲁尼. 1992. 煤矿瓦斯动力现象的预测和预防. 唐修仪, 宋德淑, 王荣龙译. 北京: 煤炭工业出版社.

巴卡耶娜. 煤炭成分对煤吸附甲烷容量及其天然气含甲烷量的影响[J]. 煤成气译文专辑, 1980: 73-88.

车长波, 李玉喜, 杨虎林, 等. 2009. 煤层气资源评价报告. 北京: 地质出版社.

陈鹏. 2001. 中国煤炭性质、分类和利用. 北京: 化学工业出版社.

陈润, 苏现波, 林晓英. 2007. 亨利定律在煤层气组分溶解分馏中的应用. 煤田地质与勘探, 35(2): 31-33.

崔永君, 李育辉, 张群, 等. 2005. 煤吸附甲烷的特征曲线及其在煤层气储集研究中的作用. 科学通报, 50(S1): 76-81.

戴和武, 谢可玉. 1999. 褐煤利用技术. 北京: 煤炭工业出版社.

董谦, 刘小平, 李武广, 等. 2012. 关于页岩含气量确定方法的探讨. 天然气与石油, 30(5): 34-37.

冯三利, 胡爱梅, 霍永忠, 等. 2003. 美国低阶煤煤层气资源勘探开发新进展. 天然气工业, 23(2): 124-126.

付晓泰, 卢双舫, 王振平, 等. 1997. 天然气组分的溶解特征及其意义. 地球化学, 26(3): 60-66.

付晓泰, 王振平, 卢双舫, 等. 2000. 天然气在盐溶液中的溶解机理及溶解度方程. 石油学报, 21(3): 89-94.

付晓泰, 王振平, 卢双舫. 1996. 气体在水中的溶解机理及溶解度方程. 中国科学(B 辑), 26(2): 124-130.

付晓泰, 薛海涛, 王振平. 2000. 甲烷在三元复合液中的溶解度及表观溶解常数研究. 油田化学, 17(2): 177-180.

付晓泰, 杨又震, 王宝辉, 等. 1995. 石油羧酸盐表面活性剂溶液体系分析. 化学与粘合. 1: 22-25.

傅广, 王朋岩. 1997. 利用间隙填充溶气浓度研究天然气扩散. 石油勘探与开发, 24(3): 86-88.

傅小康. 2006. 中国西部低阶煤储层特征及其勘探潜力分析. 北京: 中国地质大学.

傅雪海, 秦勇. 1999. 现代构造应力场中煤储层孔裂隙应力分析与渗透率研究. 地球学报, 20(S): 623-627.

傅雪海, 秦勇. 2003. 多相介质煤层气储层渗透率预测理论与方法. 徐州: 中国矿业大学出版社: 56-66.

傅雪海, 秦勇, 范炳恒, 等. 2004. 铁法 DT3 井与沁南 TL007 井煤层气产能对比研究. 煤炭学报, 29(6): 712-716.

傅雪海, 秦勇, 姜波, 等. 2002. 多相介质煤岩体力学实验研究. 高校地质学报, 8(4): 446-452.

傅雪海, 秦勇, 李贵中. 2001. 沁水盆地中-南部煤储层渗透率影响因素分析. 地质力学学报, 7(1): 45-52.

傅雪海, 秦勇, 王万贵, 等. 2005. 煤储层水溶气研究及褐煤含气量预测. 天然气地球科学, 16(2): 153-156.

傅雪海, 秦勇, 韦重韬, 等. 2010. QNDN1 井煤层气排采的流体效应分析. 天然气工业, 30(6): 48-51.

傅雪海, 秦勇, 韦重韬. 2007. 煤层气地质学. 徐州: 中国矿业大学出版社.

傅雪海, 秦勇, 杨永国, 等. 2004. 甲烷在煤层水中溶解度的实验研究. 天然气地球科学, 15(4): 345-348.

傅雪海, 秦勇, 张万红, 等. 2005. 基于煤层气运移的煤孔隙分形分类及自然分类研究. 科学通报, 50(S1): 51-55.

高波, 陶明信, 张建博, 等. 2002. 煤层气甲烷碳同位素的分布特征与控制因素. 煤田地质与勘探, 30(3): 14-17.

高军, 郑大庆, 郭天民. 1996. 高温高压下甲烷在碳酸氢钠水溶液中溶解度测定及模型计算. 高校化学工程学报, 10(4): 345-350.

顾飞燕. 1998. 加压下二氧化碳在氯化钠水溶液中的溶解度. 高校化学工程学报, 12(2): 118-123.

韩德馨. 1996. 中国煤岩学. 徐州: 中国矿业大学出版社.

郝石生, 张振英. 1993. 天然气在地层水中的溶解度变化特征及地质意义. 石油学报, 14(2): 12-22.

胡雄, 梁为, 侯厶靖, 等. 2012. 温度与应力对原煤、型煤渗透特性影响的试验研究. 岩石力学与工程学报, 31(6): 1222-1229.

冀昆, 毛小平, 凌翔, 等. 2013. 页岩饱和含气量的计算及应用. 江汉石油职工大学学报, 26(2): 4-8.

简阔, 傅雪海, 王可新, 等. 2014. 中国长焰煤物性特征及其煤层气资源潜力. 地球科学进展, 29(9): 1065-1074.

姜在炳, 李彬刚, 杜新锋, 等. 2009. 焦坪矿区地面煤层气勘探井参数测试. 煤炭科学研究总院西安研究院.

李保国. 2001. 浅析哈密三道岭矿区低阶煤层含气性. 西部探矿工程, 13(6): 124-126.

李本亮, 王明明, 冉起贵, 等. 2003. 地层水含盐度对生物气运聚成藏的作用. 天然气工业, 23(5): 16-20.

李瑞明, 尹淮新. 2006. 准南煤田乌鲁木齐河东、河西矿区煤层气资源评价//2006 年煤层气学术研讨会论文集. 北京: 地质出版社.275-280.

李相臣, 康毅力, 罗平亚. 2009. 煤层气储层变形机理及对渗流能力的影响研究. 中国矿业, 18(3): 99-102.

李小彦, 解光新. 2003. 煤储层吸附时间特征及影响因素. 天然气地球科学, 14(6): 502-505.

李小彦, 王强, 杜新锋, 等. 2002. 我国煤层气成分变化及时空分布特征. 煤田地质与勘探, 30(6): 22-24.

李正根. 水文地质学. 1980. 北京: 地质出版社.

李舟波, 潘保芝, 范晓敏, 等. 2008. 地球物理测井数据处理与综合解释. 北京: 地质出版社.

刘爱华, 傅雪海, 王可新. 2012. 褐煤储层含气量计算. 西安科技大学学报, 32(3): 306-313.

刘朝露, 李剑, 方家虎, 等. 2004. 水溶气运移成藏物理模拟实验技术. 天然气地球科学, 15(1): 32-36.

刘洪林, 刘春涌, 王红岩, 等. 2006. 西北低阶煤中生物成因煤层气的成藏模拟实验. 新疆地质, 24(2): 149-152.

刘建中, 张金珠, 张雪. 1993. 油田应力测量. 北京: 地震出版社: 41.

刘泉声, 刘凯德, 朱杰兵, 等. 2014. 高应力下原煤三轴压缩力学特性研究. 岩石力学与工程, 学报, 33(1): 24-34.

刘正, 谭轩, 王海生, 等. 2011. 保德区块煤炭资源/储量估算. 北京: 中石油煤层气有限责任公司.

吕玉民, 汤达祯, 许浩. 2013. 韩城地区煤储层孔渗应力敏感性及其差异. 煤田地质与勘探, 41(6): 31-34.

毛节华, 许惠龙. 1999. 中国煤炭资源预测与评价. 北京: 科学出版社.

孟雅, 李治平. 2015. 覆压下煤的孔渗性实验及其应力敏感性研究. 煤炭学报, 40(1): 154-159.

倪小明, 张崇崇, 王延斌, 等. 2014. 基于损伤力学的煤储层有效应力数学模型. 岩石力学与工程学报, 33(S1): 3333-3339.

秦胜飞, 唐修义, 宋岩, 等. 2006. 煤层甲烷碳同位素分布特征及分馏机理. 中国科学(D 辑), 36(12): 1092-1097.

秦胜飞. 2012. 四川盆地水溶气碳同位素组成特征及地质意义. 石油勘探与开发, 39(3): 313-319.

秦长文, 庞雄奇, 蒋兵. 2004. 吐哈盆地煤层气富集的地质条件. 天然气工业, 24(2): 8-11.

桑树勋, 秦勇, 郭晓波, 等. 2003. 准噶尔和吐哈盆地侏罗系煤层气储集特征. 高校地质学报, 9(3): 365-372.

桑树勋, 朱炎铭, 张井, 等. 2005. 煤吸附气体的固气作用机理(Ⅱ)——煤吸附气体的物理过程与理论模型. 天然气工业, 25(1): 16-18.

邵震杰, 任文忠, 陈家良. 1993. 煤田地质学. 北京: 煤炭工业出版社.

申卫兵, 张保平. 2000. 不同煤阶煤岩力学参数测试. 岩石力学与工程学报, 19(S1): 860-862.

斯伦贝尔公司（美）. 1979. 测井解释. 北京: 石油工业出版社.

宋全友. 2004. 深部煤层气成藏条件及开发潜势研究. 徐州: 中国矿业大学.

宋涛涛, 毛小平. 2013. 页岩气资源评价中含气量计算方法初. 中国矿业, 22(1): 34-36.

宋岩, 刘洪林, 柳少波, 等. 2010. 中国煤层气成藏地质. 北京: 科学出版社.

宋岩, 张新民. 2005. 煤层气成藏机制及经济开采理论基础. 北京: 科学出版社.

苏现波, 陈江峰, 孙俊民, 等. 2001. 煤层气地质学与勘探开发. 北京: 科学出版社.

苏现波, 陈润, 林晓英, 等. 2006. 煤层气运移分馏机理初探. 河南理工大学学报(自然科学版),
　　25(4): 295-300.

苏现波, 刘保民. 1999. 煤层气的赋存状态及其影响因素. 焦作工学院学报, 18(3): 157-160.

陶明信, 王万春, 解光新, 等. 2005. 中国部分煤田发现的次生生物成因煤层气. 科学通报,
　　50(S1): 14-18.

佟莉, 琚宜文, 杨梅, 等. 2013. 淮北煤田芦岭矿区次生生物气地球化学证据及其生成途径. 煤
　　炭学报, 38(2): 288-293.

汪岗, 秦勇, 申建, 等. 2014. 基于变孔隙压缩系数的深部低煤级煤层渗透率实验. 石油学报,
　　35(3): 462-468.

王勃, 姜波, 王红岩, 等. 2006. 低煤阶煤层气藏水动力条件的物理模拟实验. 新疆石油地质,
　　27(2): 176-177.

王勃, 李谨, 张敏. 2007. 煤层气成藏地层水化学特征研究. 石油天然气学报, 29(5): 66-68.

王贵文, 郭荣坤. 2000. 测井地质学. 北京: 石油工业出版社.

王国勇, 付晓云. 2001. 小龙湾地区煤层气地质特征分析. 特种油气藏, 8(3): 22-24.

王锦山, 王力, 刘明远, 等. 2006. 水溶解煤层气的特征及规律试验研究. 辽宁工程技术大学学
　　报, 25(1): 14-16.

王可新. 2010. 低煤级储层三相态含气量物理模拟与数值模拟研究. 北京: 中国矿业大学.

王璐琨. 2002. 天然气组分在含醇水溶液中溶解度的测定及模型化研究. 北京: 中国石油大学.

王佟, 王俊民, 傅雪海, 等. 2013. 新疆地区煤炭与煤层气资源聚集规律及勘查评价. 乌鲁木齐:
　　新疆维吾尔自治区煤田地质局.

王万春, 陶明信, 张小军, 等. 2006. 李雅庄煤矿煤岩中 C_{25}、C_{30} 等无环类异戊二烯烷烃的检出
　　及其地球化学意义. 沉积学报, 24(6): 897-900.

王彦龙, 王强, 马树榆, 等. 2006. 新疆阜参 1 井煤层气含量测试分析报告. 西安: 煤炭科学研究
　　总院西安分院.

王屹涛, 谢妹, 刘全艳, 等. 2002. 准噶尔盆地低阶煤煤层气资源及勘探潜力分析. 新疆石油学
　　院学报, 3(14): 5-7.

吴凡, 孙黎娟, 何江. 1999. 孔隙度、渗透率与净覆压的规律研究和应用. 西南石油学院学报,
　　21(4): 23-25.

武晓春, 庞雄奇, 于兴河, 等. 2003. 水溶气资源富集的主控因素及其评价方法探讨. 天然气地球科学, 14(5): 416-421.

鲜学福, 辜敏. 2006. 有关间接法预测煤层气含量的讨论. 中国工程科学, 8(8): 15-22.

谢勇强. 2006. 低阶煤煤层气吸附与解吸机理实验研究. 西安: 西安科技大学.

徐海霞, 齐梅, 赵书怀. 2012. 页岩气容积法储量计算方法及实例应用. 现代地质, 26(3): 555-559.

许江, 尹光志, 鲜学福, 等. 2004. 煤与瓦斯突出潜在危险区预测的研究. 重庆: 重庆大学出版社.

薛清太. 2005. 地层上覆压力下物性参数特征研究. 油气地质与采收率, 12(6): 43-45.

颜肖慈, 罗明道. 2005. 界面化学. 北京: 化学工业出版社: 18-89.

杨建中. 2008. 岩石力学. 北京: 冶金工业出版社.

杨起. 1987. 煤地质学进展. 北京: 科学出版社.

杨申镳, 张肖兰, 王雪吾, 等. 1997. 水溶性天然气勘探与开发.北京: 石油大学出版社: 4-58.

杨胜来, 魏俊之. 2004. 油层物理学. 北京: 石油工业出版社: 30-130.

杨曙光, 周梓欣, 秦大鹏, 等. 2010. 新疆阜康市阜试 1 井煤层气产气分析及小井网布设建议. 中国西部科技, 9(26): 3-4.

叶建平, 秦勇, 林大扬, 等. 1998. 中国煤层气资源. 徐州: 中国矿业大学出版社.

于洪观, 范维唐, 孙茂远, 等. 2004. 煤中甲烷等温吸附模型的研究. 煤炭学报, 29(4): 463-467.

袁三畏. 1999. 中国煤质评论. 北京: 煤炭工业出版社.

张崇崇, 王延斌, 倪小明, 等. 2015. 单相水流阶段煤储层动水孔隙度变化规律. 天然气地球科学, 26(1): 154-159.

张培河. 2007. 低变质煤的煤层气开发潜力——以鄂尔多斯盆地侏罗系为例. 煤田地质与勘探, 35(1): 29-33.

张培先. 2012. 页岩气测井评价研究——以川东南海相地层为例. 特种油气藏 2012, 19(2): 12-15.

张群, 崔永君, 钟玲文, 等. 2008. 煤吸附甲烷的温度-压力综合吸附模型. 煤炭学报, 33(11): 1272-1278.

张群, 杨锡禄. 1999. 平衡水条件下煤对甲烷的等温吸附特性研究. 煤炭学报, 24(6): 566-570.

张晓宝, 马立元, 孟自芳, 等. 2002. 柴达木盆地西部第三系盐湖相天然气碳同位素特征、成因与分布. 中国科学(D 辑), 32(7): 598-608.

张新民, 韩保山, 李建武. 2006. 褐煤煤层气储集特征及气含量确定方法. 煤田地质与勘探, 34(3): 28-31.

张新民. 2002. 中国煤层气地质与资源评价.北京:科学出版社.

赵阳升. 1994. 矿山岩石流体力学. 北京: 煤炭工业出版社.

赵振新, 朱书全, 马名杰, 等. 2008. 中国褐煤的综合优化利用. 洁净煤技术, 14(1): 28-31.

郑得文, 张君峰, 孙广伯, 等. 2008. 煤层气资源储量评估基础参数研究. 中国石油勘探, 13(3): 1-4.

郑贵强, 王勃, 唐书恒, 等. 2009. 山西晋城地区煤层气发热量计算. 新疆石油地质, 30(5): 626-628.

郑玉柱, 张新民, 韩宝山, 等. 2007. 全国褐煤主要分布区煤层气资源量预测. 煤田地质与勘探, 35(3): 29-32.

钟玲文, 郑玉柱, 员争荣, 等. 2002. 煤在温度和压力综合影响下的吸附性能及气含量预测. 煤炭学报, 27(6): 581-585.

Корценштеин Н В. 1991. 地下水圈中的溶解天然气资源及对可预见的将来其开发可行性的评价原则. 刘成吉译. 地质科报动态, 10: 9-11.

Ходот. 1966. 煤与瓦斯突出. 宋世钊, 王佑安译. 北京: 中国工业出版社: 27-30.

Aravena R, Harrison S M, Barker J F, et al. 2003. Origin of methane in the Elk Valley coalfield, southeastern British Columbia, Canada. Chemical Geology, 195: 219-227.

Brunauer S, Emmrt P H, Teller E. 1938. Journal American. Chemical. Society, 60:309.

Bustin R M, Clarkson C R. 1998. Geological controls on coalbed methane reservoir capacity and gas content. International Journal of Coal Geology, 38(1): 3-26.

Bustin R M, Clarkson C R. 1999. Free gas storage in matrix porosity: A potentially significant coalbed methane in low rank coals//International Coalbed Methane Symposium: 197-214.

Cai Y, Liu D, Pan Z, et al. 2013. Pore structure and its impact on CH_4 adsorption capacity and flow capability of bituminous and subbituminous coals from Northeast China. Fuel, 103: 258-268.

Chalmers G R L, Bustin R M. 2007. On the effects of petrographic composition on coalbed methane sorption. International Journal of Coal Geology, 69: 288-304. Clarkson C R, Bustin R M. 1996. Variation in micropore capacity and size distribution with composition in bituminous coal of the Western Canadian sedimentary basin: Implications for coalbed methane potential. Fuel, 75: 1483-1498.

Clarkson C R, Bustin R M. 1999. The effect of pore structure and gas pressure upon the transport properties of coal: a laboratory and modelling study: 1. Isotherms and pore volume distributions. Fuel, 78: 1333-1344.

Collins R E. 1991. New Theory for Gas Adsorption and Transport in Coal//Proceedings of the Coalbed Methane Symposium, Tuscallosa: 425-431.

Crosdale P J, Beamish B B, Valix M. 1998. Coalbed methane sorption related to coal composition. International Journal of Coal Geology, 35:147-158.

Diamond W P, Levine J R. 1981. Direct Method Determination of Gas Content of Coal: Procedures and Results.

Dodson C R, Standing M B. 1944. Pressure-volume-temperature and solubility relations for natural-gas-water mixtures//Drilling and production practice. American Petroleum Institute: 173-180.

Duan X, Qu J, Wang Z. 2009. Pore structure of macerals from a low rank bituminous. Journal of China University of Mining and Technology, 38(2):224-228.

Ettinger I, Eremin I, Zimakov B, et al. 1966. Natural factors influeneing coal sorption properties. I. Petrography and sorption properties of coals. Fuel, 45: 267-275.

Ettinger I. 1979. Swelling stress in the gas-coal system as an energy source in the developing of gas bursts. Soviet mining science, 15(5): 494-501.

Faiz M M, Hutton A C. 1995. Geological controls on the distribution of CH4 and CO2 in coal seams of the southern coalfield, NSW, Australia//Proceedings of the International Symposium-cum-Workshop on Management and Control of High gas Emissions and Outbursts in Underground Coal Mines. Wollongong, NSW, Australia. RD Lama (Ed.): 375-383.

Gan H, Nandi S P, Walker P L. 1972. Nature of the porosity in American coals. Fuel, 51(4): 272-277.

Gayer R, Harris I. 1996. Coalbed Methane and Coal Geology. The Geological Soeiety, London: l-338.

Gürdal G, Yalçın M N. 2001. Pore volume and surface area of the Carboniferous coals from the Zonguldak basin (NW Turkey) and their variations with rank and maceral composition. International Journal of Coal Geology, 48: 133-144.

Haydel J J, Kobayashi R. 1967. Adsorption equilibria in methane-propane-silica Gel system at high pressure. Industrial and Engineering Chemistry Fundamentals, 6: 546-554.

Hou Q L, Li H J, Fan J J, et al. 2012. Structure and coalbed methane occurrence in tectonically deformed coals. Science China: Earth Sciences, 55(11): 1755-1763.

Keller J U. 2003. Determination of absolution gas adsorption isotherms by comined calorimetric and dillectric measurements. Adsorption, 9(2): 177-188.

Killingley J, Levy J, Day S. 1995. Methane adsorption on coals of the Bowen Basin. Queensland Australia.

Kissell F.N., McCulloch C.M., Elder C.H. 1973.The Direct Method of Determining Methane Content of Coals for Ventilation Design. U.S. Bureau of Mines Report of Investigations RI7767.

Koatarba M J. 2001. Composition and origin of coalbed gases in the Upper Silesian and Lublin basins, Poland. Organic Geochemistry, 32: 163-180.

Krooss B M, Van Bergen F, Gensterblum Y. 2002. High-pressure Methane and Carbon Dioxide Adsorption on Dry and Moisture-Equili-brated Pennsylvanian Coals. International Journal of Coal Geology, 51: 69-92.

Lamberson M N, Bustin R M. 1993. Coalbed methane characteristics of Gates formation coals, northeastern British Columbia: effect of maceral composition. AAPG bulletin, 77:2062-2076.

Laxminarayana C, Crosdale P J. 2002. Controls on methane sorption capacity of Indian coals. AAPG bulletin, 86(2): 201-212.

Levine J R. 1993. Coalification: The evolution of coal as source rock and reservoir rock for Oil and Gas. AAPG bulletin , 38: 39-77.

Levy J H, Day S J, Killingley J S. 1997. Methane capacities of Bowen basin coals related to coal properties. Fuel, 76(9): 813- 819.

Li T, Wu C. 2015. Research on the Abnormal Isothermal Adsorption of Shale. Energy and fuels, 29: 634-640.

Liu A, Fu X, Wang K, et al. 2013. Investigation of coalbed methane potential in low-rank coal reservoirs - Free and soluble gas contents. Fuel, 11 (2): 14-22.

Liu H, Mou J, Cheng Y. 2015. Impact of pore structure on gas adsorption and diffusion dynamics for long-flame coal. Journal of Natural Gas Science and Engineering, 22: 203-213.

Malone P G, Lottman L K, Calmp B S, et al. 1989. An investigation of parameters affecting desorption rates of Warrior Basin coals//Proeeedings-International Coalbed Methane Symposium, 35.

Mavor M J, Close J C, Pratt T J. 1991. Summary of the completion optimization and assessment laboratory (COAL) site. Chicago: Gas Research Institute Topical Report.

McAuliffe. 1979. Oil and gas migration-Chemical and physical constraints. AAPG Bulletin, 63(5): 761-781.

McKee C R, Bumb A C, Koenig R A. 1988. Stress-dependent permeability and porosity of coal. Rockey Mountain Association of Geologist, 143: 256-264.

Moffat D H, Weale K E. 1955. Sorption by coal of methane at high pressure. Fuel, 34: 449-462.

O'Sullivan T D, Smith N O. 1970. Solubility and partial molar volume of nitrogen and methane in water and in aqueous sodium chloride from 50 to 125. Deg. and 100 to 600 atm The Journal of Physical Chemistry, 74(7): 1460-1466.

Pashin J C, Chandler R V, Mink R M. 1989. Geologic controls on occurrence and produeibility of coalbed methane, Oak Grove Field, Black Warrior Basin, Alabama. Proeeedings-International Coalbed Methane SymPosium: 203-209.

Pillalamarry M, Harpalani S, Liu S. 2011. Gas diffusion behavior of coal and its impact on production from coalbed methane reservoirs. International Journal of Coal Geology, 86:342-348.

Pratt T J, Mavor M J, Debruyn R P. 1999. Coal gas resource and production potential of subbituminous coal in the Powder River Basin //SPE Rocky Mountain regional meeting:

195-204.

Reucroft P J, Patel H. 1986. Gas induced swelling in coal. Fuel, 65: 816-820.

Ruppel T C, Grein C T, Bienstock D. 1972. Adsorption of methane/ethane mixtures on dry coal at elevated pressure. Fuel, 51(4): 297-303.

Scott A R, Kaise W R, Ayer W B. 1994. Thermogenic and secondary biogenic gases, San Juan Basin, Colorado and New Mexico implications for coalbed gas producibility. AAPG bulletin, 78(8): 1186-1209.

Scott A R. 2002. Hydrogeologic factors affecting gas content distribution in coal beds. International Journal of coal geology, 50(1): 363-387.

Sesay S K. 2011. Adsorption Characteristics of Lignite in China. Journal of Earth Science, 22(3): 371-376.

Smith D M, Williams F L. 1981. New technique for determining the methane content of coal//Proceedings of the 16th Intersociety Energy Conversion Engineering Conference: 1267-1272.

Smith J W, Pallasser R J. 1996. Microbial origin of Australian coalbed methane. AAPG bulletin, 80(6): 891-897.

Snyder R E. Robert S 2005. North American coalbed methane development moves forward. World oil, 226(8): 57-59.

Tao M, Li J, Li X, et al. 2012. New approaches and markers for identifying secondary biogenic coalbed gas. Acta Geologica Sinica, 86(1): 199-208.

Tao M, Shi B, Li J, et al. 2007. Secondary biological coalbed gas in the Xinji area, Anhui province, China: Evidence from the geochemical features and secondary changes. International Journal of Coal Geology, 71: 358-370.

Unsworth J F, Fowler C S, Jones LF. 1989. Moisture in coal: 2. Maceral effects on pore structure. Fuel, 68: 18-26.

Vasyuchkov Y F. 1985. A study of porosity, permeability and gas release of coal as it is saturation with water and acid solutions. Soviet mining, 21(1): 81-88.

Walker P L, Verma S K, Rivera-Utrilla J, et al. 1988. Densities, porosities and surface areas of coal macerals as measured by their interaction with gases, vapours and liquids. Fuel, 67(12): 1615-1623.

Walter B, Ayers J. 2002. Coalbed gas systems, resources, and production and a review of contrasting cases from the San Juan and Powder River Basins. AAPG bulletin, 86 (11): 1855-1890.

White C M, Smith D H, Jones K L, et al. 2005. Sequestration of carbon dioxide in coal with enhanced coalbed methane recovery a review. Energy and Fuels, 19, 659-724.

Yang R T, Saunders J T. 1985. Adsorption of gases on coals and heat-treated coals at elevated temperature and pressure. Fuel, (64): 314-327.

Yao Y, Liu D, Tang D, et al. 2008. Fractal characterization of adsorption-pores of coals from North China: an investigation on CH4 adsorption capacity of coals. International Journal of Coal Geology, 73(1): 27-42.

Yee D, Seidle J P, Hanson W B. 1993. Gas sorption on coal and measurement of gas content. Hydrocarbons from coal: AAPG Studies in Geology, 38: 203-218.

Yu Q X. 1992. Mine gas prevention and control. Xuzhou: China University of Mining and Technology Press: 1-19.

Zhang S, Tang S, Tang D, et al. 2010. The characteristics of coal reservoir pores and coal facies in Liulin district, Hedong coal field of China. International Journal of Coal Geology, 81(2): 117-127.

附　　录

变量注释表

V	吸附量
p	压力
P_L	Langmuir 压力
V_L	Langmuir 体积
V_m	单分子层达到饱和时的吸附量
P_a	实验温度下吸附质的饱和蒸气压力
C	与吸附热和吸附质液化热有关的系数
V_0	单位质量的微孔体积
β	吸附质的亲和系数
K	与孔隙结构有关的常数
T	热力学温度
R	普适气体常数
N_a	吸附剂中气体分子数
V_P	吸附剂孔隙体积
S	吸附位总数量
$G(T)$	无量纲温度校正因子
B	范德华因子
M_e	样品的平衡水分含量
G_a	平衡前空气干燥基样品质量
G_b	平衡后样品质量
M_{ad}	空气干燥基水分含量
A_{ad}	灰分产率
p_b	溶质在液体上方的蒸气平衡压力
C_B	气体在水中的摩尔分数溶解度
K_c	亨利常数
P_0	标准状态下游离甲烷压力
V_0	标准状态下游离甲烷含量
T_0	标准状态下热力学温度

续表

M	甲烷摩尔质量
μ	摩尔质量
V_g	换算成标准状态后的游离气体积
$\varphi_{剩余}$	单位重量煤中剩余孔隙体积
P_g	煤层气体压力
Z	气体压缩因子
G_d	干燥基煤样质量
G_0	比重瓶、浸润剂及水的质量
G_1	比重瓶、浸润剂、煤样及水的质量
G_2	涂蜡煤粒的质量
G_3	比重瓶、涂蜡煤粒及水溶液的质量
G_4	比重瓶、水溶液的质量，即空白值
ρ_s	石蜡的密度
ρ_r	十二烷基硫酸钠溶液在 20℃时的密度
ρ_w^{20}	水在 20℃时的密度
$P(r)$	外加压力
r	煤样孔隙直径
δ	金属汞表面张力
θ	金属汞与固体表面接触角
φ	孔隙度
E	弹性模量
σ_1	垂向压力
σ_2、σ_3	水平压力，实验中指围压，$\sigma_2=\sigma_3$;
ε_1	垂向应变
ε_2	横向应变
υ	泊松比
C_V	体积压缩系数
K_V	体积模量
P_C	围压
P_s	上覆压力
φ_i	给定应力条件下的孔隙度
σ_e	从初始到某一压力状态下的压力变化值
φ_0	初始压力为 0 时的孔隙度

续表

V_W	水溶气含量
V_{WV}	水溶气体积
ρ_W	煤层水密度
W_{PT}	储层条件下煤的全水分含量
$\varphi_{水分}$	水分占据的孔隙度
$C_{压缩}$	围压，即水平有效应力下的累计体积应变
$\rho_{煤层}$	煤的视密度（ARD）
P_0	瓦斯风化带下限深度 H_0 处的瓦斯压力
H_0	瓦斯风化带下限深度
H	煤层埋深
$\mathrm{grad}P_g$	瓦斯压力梯度
σ_{hv}	垂直应力在水平方向产生的分应力
σ_h	水平有效应力
λ	侧压系数
σ_v	垂直应力
α	毕奥特系数
r_i	某分层岩石密度
h_i	某分层厚度
H	上覆地层厚度
$\bar{r}$	岩层平均密度
S_w	煤岩中的含水饱和度
R_{WC}	煤层中的水电阻率
φ_t	煤岩的总孔隙度
R_t	煤岩电阻率
P_{we}	煤层水的等效 NaCl 溶液矿化度
C_f	岩石压缩系数
V_b	岩石的视体积
ΔV_p	油层压力降低时的孔隙体积缩小值
Δp	储层压力的变化量
Δp_e	有效应力的变化量
p_e	有效应力
Cp	孔隙压缩系数
φ_c	岩石孔隙度